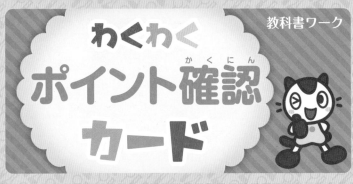

わくわく ポイント確認カード

教科書ワーク

アプリでバッチリ！

...確認！

JN099479

名前

花の色

とくちょう

❶

名前

花の色

とくちょう

❷

名前

花の色

とくちょう

❸

名前

花の色

とくちょう

❹

生き物のかんさつ

道具の名前は？

この道具を使うと、どう見える？

❺

めが出たあとの植物

あ

ヒマワリ

あの名前は？

あの形はどの植物も同じ？ちがう？

❻

太陽のいちとかげのでき方

あ

ぼう

ア ウ イ

あの名前は？

ぼうのかげができるのは、ア〜ウのどこ？

❼

ほういの調べ方

北西 北 北東
西 東
南西 南東

あ う
い

道具の名前は？

あ〜うのほういは？

❽

太陽のいちのへんか

ア イ
東 ぼう 西

太陽のいちのへんかはア、イどっち？

かげの向きのへんかは太陽と同じ？反対？

❾

温度のはかり方

ア
イ
ウ

2 0
1 0

目もりはア〜ウのどこから読む？

温度計は何℃を表している？

❿

アプリでバッチリ！ポイント確認！

おもての QR コードから
アクセスしてください。

※本サービスは無料ですが、別途各通信社の通信料がかかります。
※お客様のネット環境および端末によりご利用できない場合がございます。
※ QR コードは㈱デンソーウェーブの登録商標です。

使い方

- ●切りとり線にそって切りはなしましょう。
- ●写真や図を見て、質問に答えてみましょう。
- ●使い終わったら、あなにひもなどを通して、まとめておきましょう。

名前 ヒマワリ

花の色 黄色

高さ 1 ～ 3m

とくちょう

つぼみのころまでは太陽をおいかけて、向きをかえる。

❷

名前 ホウセンカ

花の色 赤色・白色・ピンク色などがある。

高さ 30 ～ 60cm

とくちょう

実がはじけて、たねがとぶ。

❶

名前 マリーゴールド

花の色 黄色・オレンジ色などがある。

高さ 15 ～ 30cm

とくちょう

これ全体が1まいの葉。

❹

名前 タンポポ

花の色 黄色

高さ 15 ～ 30cm

とくちょう

葉はギザギザしている。

❸

めが出たあとの植物

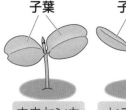

子葉　　子葉

ホウセンカ　　ヒマワリ

子葉は、植物のしゅるいによって、形や大きさがちがうよ。

❻

生き物のかんさつ

虫めがねでかんさつすると、小さいものが大きく見えるよ。

❺

ほういの調べ方

①ほういじしんを水平に持つ。
②はりの動きが止まるまでまつ。
③北の文字をはりの色のついた先に合わせる。

❽

太陽のいちとかげのでき方

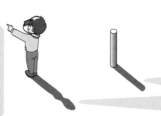

かならずしゃ光板（プレート）を使ってかんさつしよう。

かげはどれも同じ向き（イ）にできるよ。

❼

温度のはかり方

温度計は、目の高さとえきの先を合わせて、真横から目もりを読もう。写真は、20℃だとわかるね。

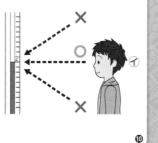

❿

太陽のいちのへんか

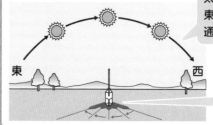

東　　西

太陽のいちはアのように、東のほうから南の空を通って西のほうへかわる。

かげの向きのへんかは、太陽と反対になる。

❾

名前

育ち方（そだ）

からだの
つくり

⑪

名前

育ち方

からだの
つくり

⑫

名前

すみか

食べ物（もの）

⑬

名前

すみか

食べ物

⑭

名前

すみか

食べ物

⑮

名前

すみか

食べ物

⑯

風の力

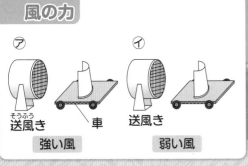

ア　イ

送風き（そうふう）　車　送風き

強い風　弱い風

遠くまで
走るのは
ア、イどっち？

ものを動かす
はたらきを
大きくするには？

⑰

ゴムの力

ア　わゴム　イ　わゴム

車

遠くまで
走るのは
どっち？

ものを動かす
はたらきを
大きくするには？

⑱

光のせいしつ

ア
イ　ウ
オ　エ
キ
カ　ク

光は
どう進む？（すす）

いちばん
明るいのは？

⑲

音のせいしつ

ふた　ビーズ

プラスチック
の入れもの

たいこ

ふるえが
大きいときの音
の大きさは？

ふるえが
小さいときの音
の大きさは？

⑳

電気とじしゃくのふしぎ

10円玉（銅）（どう）　クリップ（鉄）（てつ）　コップ（ガラス）

見本

電気を
通すものは？

じしゃくに
つくものは？

㉑

ものの重さ（おも）と体積（たいせき）

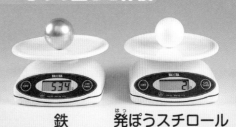

534

2

鉄　発ぽうスチロール（はっ）

どちらが
軽い？（かる）

体積が同じ
ものの重さは
同じ？ちがう？

㉒

名前 ショウリョウバッタ

育ち方
たまご → よう虫 → せい虫

からだのつくり

頭
むね
はら
あしは6本 ⑫

名前 モンシロチョウ

育ち方
たまご → よう虫 → さなぎ → せい虫

からだのつくり
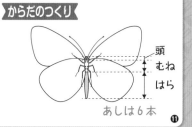
頭
むね
はら
あしは6本 ⑪

名前 カブトムシ

すみか 林の中

食べ物 木のしる

とくちょう
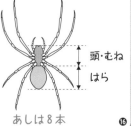
かたい前ばね
うすいうしろばね ⑭

名前 ナナホシテントウ

すみか 草むら

食べ物 小さな虫

とくちょう
ナナホシテントウのせい虫は、かれ葉の下などで冬をこす。

ZZZ… ⑬

名前 クモ

すみか 草むらや林の中など

食べ物 ほかの虫

とくちょう
からだは、2つの部分に分かれている。
頭・むね
はら
あしは8本 ⑯

名前 ダンゴムシ

すみか 石の下や落ち葉の下など

食べ物 落ち葉やかれ葉

とくちょう

あしは14本 ⑮

ゴムの力

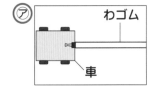
ア わゴム 車
イ

● ものを動かすはたらきを大きくするには、わゴムを長くのばす！ ⑱

風の力

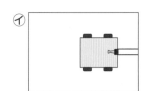
ア 送風き 車 強い風
イ 送風き 弱い風

● ものを動かすはたらきを大きくするには、風を強くする！ ⑰

音のせいしつ

たいこのふるえが大きいと音は大きく、ふるえが小さいと音は小さいよ。

⑳

光のせいしつ

かがみで光をはね返すと、光はまっすぐ進んでいるのがわかる。

光をたくさん重ねているエがいちばん明るい。

ア イ ウ オ エ キ カ ク ⑲

ものの重さと体積

鉄は534g、発ぽうスチロールは2gだから…

発ぽうスチロールのほうが軽い！

鉄 発ぽうスチロール
534g 2g

● 体積が同じでも、ものによって重さはちがう！ ㉒

電気とじしゃくのふしぎ

● 電気を通すもの
鉄、銅、アルミニウムなどの金ぞく
れい 10円玉(銅)、クリップ(鉄)
● じしゃくにつくもの
鉄でできているもの
れい クリップ(鉄)

じしゃくについた鉄のクリップ ㉑

わくわくシール

まんてん シール

★１日の学習がおわったら、チャレンジシールをはろう。
★実力はんていテストがおわったら、まんてんシールをはろう。

チャレンジ シール

くきのふしぎ

アサガオ

ヘチマ

ヘチマのまきひげ

ジャガイモ

くきがつるのように曲がってのびて、ほかのものにまきつくよ。

くきの一部が「まきひげ」というつるになって、ほかのものにまきつくよ。

ジャガイモは、土の中にあるけれど、じつはよう分をたくわえている「くき」なんだ。

葉のふしぎ

わたしたちが食べているのは、「葉」によう分がたくわえられた部分だよ。

タマネギ

この部分が「くき」だよ。

カエデ

葉の色がかわるのは、葉のつけ根にかべができて、葉によう分がたまるためだよ。

いろな植物

たねのふしぎ

風でとぶたね

カエデ

風を受けやすい
つくりをしてい
るね。

タンポポ

人や動物につくたね

とげが人のふくや
動物の毛につくよ。

オオオナモミ

アメリカセンダングサ

たねが遠くにはこばれると、
めが出て、なかまをふやす
ことができるんだね。

根のふしぎ

サツマイモ

根によう分が
たくわえられて、
「いも」になって
いるよ。

水の中に
根があるよ。

ウキクサ

教科書ワーク もくじ

大日本図書版 理科3年

▶動画 コードを読みとって、下の番号の動画を見てみよう。

●写真提供：アーテファクトリー，アフロ

1 しぜんのかんさつ

生きもののすがた

きほんのワーク

図を見て、あとの問いに答えましょう。

1 生きもののすがた

① [　　]  ② [　　]  ③ [　　]

生きものをかんさつするときは、④[　　]、形、大きさなどを調べる。

(1) ①～③の□に生きものの名前を書きましょう。

(2) ④の□にあてはまる言葉を書きましょう。

2 虫めがねの使い方

虫めがねは、①[　　]に近づけて持つ。

動かせるもの
② (見るもの / 虫めがね) を近づけたり遠ざけたりして、はっきり見えるところで止める。

動かせないもの
見るものに近づいたり遠ざかったりして、はっきり見えるところで止まる。

(1) ①の□にあてはまる言葉を書きましょう。

(2) ②の( )のうち、正しいほうを◯でかこみましょう。

まとめ 〔 色 形 大きさ 〕からえらんで( )に書きましょう。

●生きもののすがたは、①( )、②( )、③( )などに、にているところやちがうところがある。

わくわくたんてい団　外国からやってきたセイヨウタンポポは、花のもとの部分がそり返っていますが、昔から日本にあったカントウタンポポやシロバナタンポポは、そり返っていません。

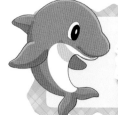

勉強した日　月　日

練習のワーク

教科書 4~13、196、198 202~203ページ　答え 1ページ

できた数 /12問中　おわったらシールをはろう

1 校庭(こうてい)で見つけた生きものをかんさつして、右の図のようなかんさつカードを書きました。次(つぎ)の問(と)いに答えましょう。

㋐　4月20日（晴れ）
[動物]・植物

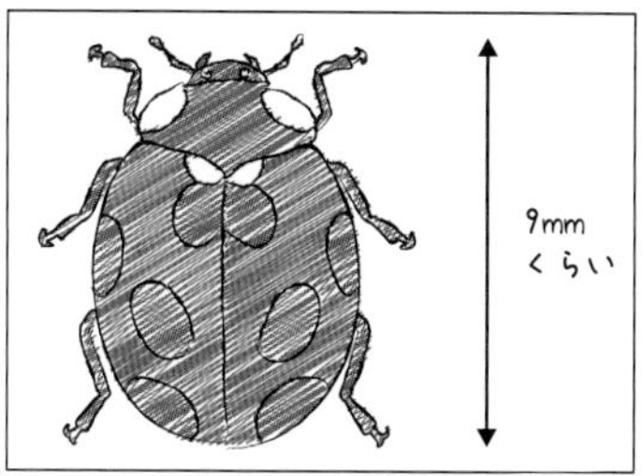

㋑　赤い色に黒い丸が7こあった。
㋒　全体として丸かった。
㋓　体の長さは9mmくらいだった。

名前　田中　文太

(1) かんさつカードの㋐には、この動物(どうぶつ)の名前が入ります。何という名前ですか。（　　　　）

(2) 小さな生きものを大きくして見ることができる、右の道具(どうぐ)を何といいますか。（　　　　）

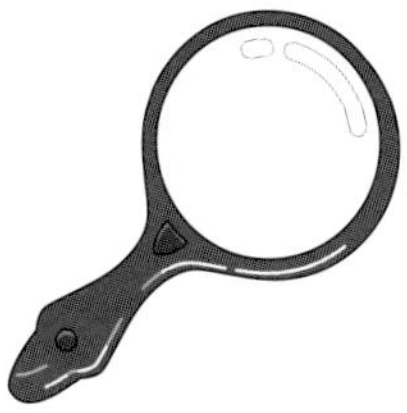

(3) ㋑～㋓は、何についてせつめいしていますか。〔　〕からえらんで書きましょう。

㋑（　　　）　㋒（　　　）　㋓（　　　）

〔　大きさ　　形　　色　〕

2 学校のまわりで、いろいろな生きものをかんさつしました。あとの問いに答えましょう。

㋐
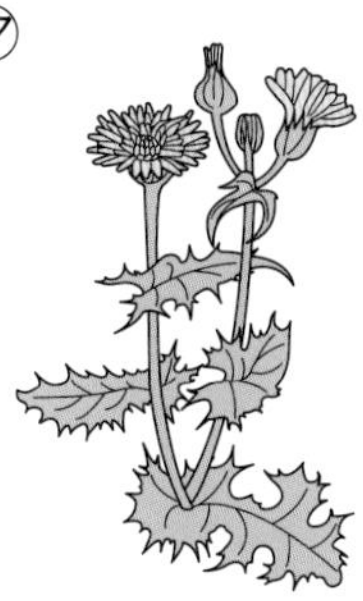

㋑
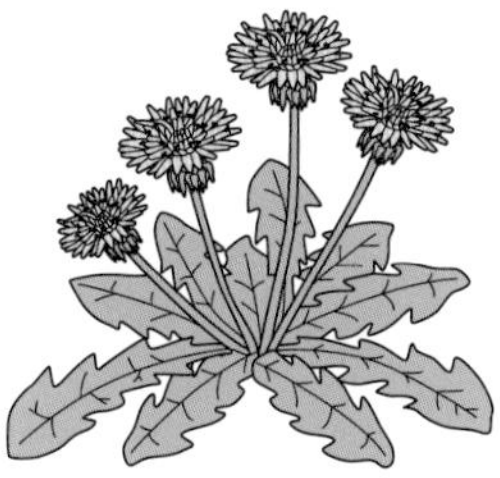

㋒
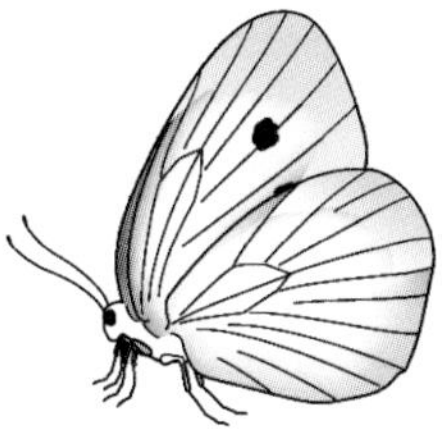

㋓
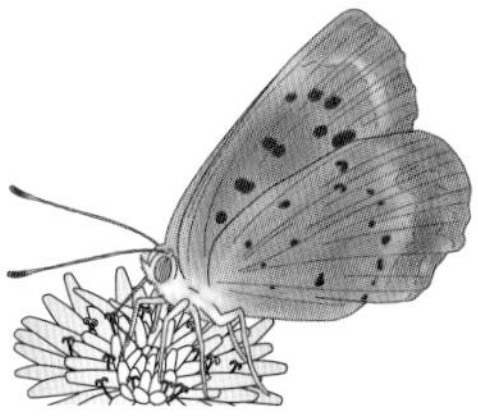

(1) 上の図の㋐～㋓の生きものの名前を、下の〔　〕からえらんで□に書きましょう。

〔　セイヨウタンポポ　　ノゲシ　　ベニシジミ　　モンシロチョウ　〕

(2) ㋐と㋑で、にているところはどこですか。次のア～ウからえらびましょう。（　　　）

ア　花の色　　イ　全体(ぜんたい)のすがた　　ウ　植物(しょくぶつ)の高さ

(3) ㋒と㋓で、ちがうところはどこですか。次のア～ウから2つえらびましょう。（　　　）（　　　）

ア　はねの数　　イ　はねの色　　ウ　大きさ

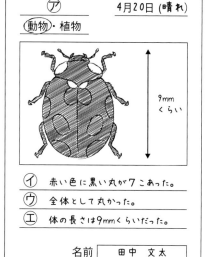

まとめのテスト

1　しぜんのかんさつ

とく点　/100点

おわったら
シールを
はろう

教科書　4~13、196、198
202~203ページ　　答え　1ページ

時間
20
分

1 しぜんのかんさつ いろいろな生きものをかんさつしました。あとの問いに答えましょう。

1つ5〔60点〕

㋐ 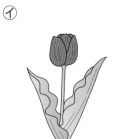　㋑ 　㋒　㋓

㋔ 　㋕ 　㋖ 　㋗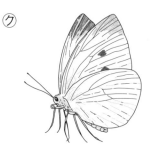

(1)　上の図の㋐~㋓の植物の名前を、下の〔　〕からえらんで書きましょう。

㋐（　　　　　　　） ㋑（　　　　　　　）

㋒（　　　　　　　） ㋓（　　　　　　　）

〔　セイヨウタンポポ　ナズナ　ノゲシ　チューリップ　〕

(2)　上の図の㋔~㋗の動物の名前を、下の〔　〕からえらんで書きましょう。

㋔（　　　　　　　） ㋕（　　　　　　　）

㋖（　　　　　　　） ㋗（　　　　　　　）

〔　クロオオアリ　ナナホシテントウ　ダンゴムシ　モンシロチョウ　〕

(3)　上の図の㋐~㋗の生きものについて、次の文のうち、正しいものには〇、まちがっているものには×をつけましょう。

①（　　　）㋐と㋒の花の色や形はにているが、植物の高さがちがう。

②（　　　）㋖の動物のすは、水の中にある。

③（　　　）㋕に指でさわると丸くなる。

(4)　生きものは、色や形、大きさなどのすがたが、それぞれちがいますか、同じですか。

（　　　　　　　　　　　　）

2 **虫めがねの使い方** **次の図は、虫めがねを使って、生きものをかんさつしているようすを表したものです。あとの問いに答えましょう。** 1つ5〔20点〕

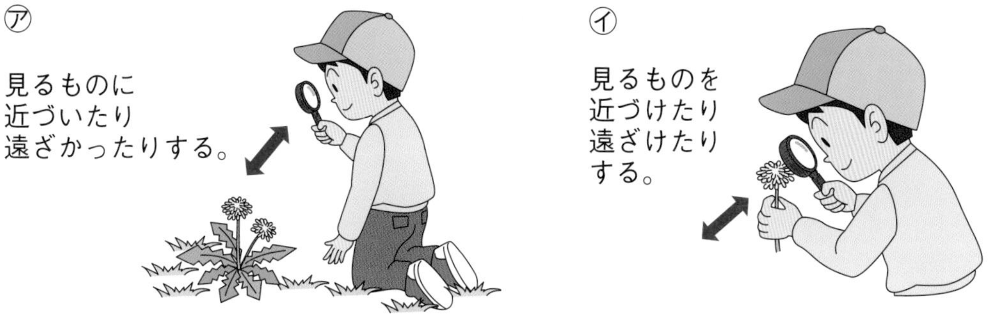
㋐
見るものに
近づいたり
遠ざかったりする。
㋑
見るものを
近づけたり
遠ざけたり
する。

(1) 虫めがねについて、次の文のうち、正しいものに2つ○をつけましょう。

①(　　　)大きなものが小さく見える。

②(　　　)小さなものが大きく見える。

③(　　　)目の近くに持って使う。

④(　　　)目から遠ざけて使う。

⑤(　　　)目に近づけたり遠ざけたりして使う。

(2) 動かせるものを見るとき、図の㋐、㋑のどちらのようにしますか。(　　　　)

記述 (3) 虫めがねを使うとき、ぜったいにしてはいけないことは何ですか。

(　　　　　　　　　　　　　　　　)

3 **かんさつカードの書き方** **生きものをかんさつして、右の図のようなかんさつカードを書きました。次の問いに答えましょう。** 1つ5〔20点〕

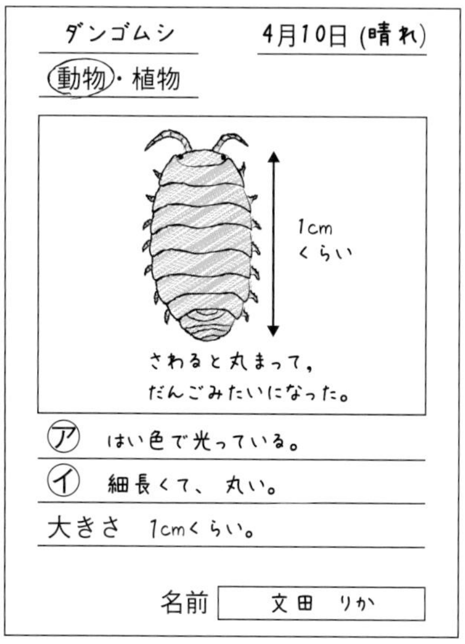
ダンゴムシ
4月10日 (晴れ)
動物・植物
1cm くらい
さわると丸まって、
だんごみたいになった。
㋐ はい色で光っている。
㋑ 細長くて、丸い。
大きさ 1cmくらい。
名前 文田 りか

(1) かんさつカードの㋐、㋑は、それぞれ何についてせつめいしていますか。下の〔　〕からえらんで書きましょう。

㋐(　　　　)

㋑(　　　　)

〔 天気　色　見つけた場所　形 〕

(2) かんさつカードの書き方について、次のア～ウのうち、まちがっているものをえらびましょう。

(　　)

ア 動いている生きものは、写真をとって、止まったようすを記ろくする。

イ 生きものの大きさは、どこをはかったかをかく。

ウ 気づいたことだけ言葉で書いて、絵をかいてはいけない。

記述 (3) イラクサ、ウルシ、スズメバチ、チャドクガの子どもなどのように、とげやどくのある生きものを見つけたとき、どのように気をつけますか。

(　　　　　　　　　　　　　　　　)

1 たねまき

もくひょう
植物のたねのちがいと、めが出た後のようすをかくにんしよう。

おわったら
シールを
はろう

きほんのワーク

教科書 14～20、192、196、198ページ | 答え 2ページ

図を見て、あとの問いに答えましょう。

① たねのかんさつとたねまき

① [　　　]

2mmくらい

② [　　　]

1.5cmくらい

③ [　　　]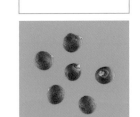

④ [　　　]

⑤ (大きい 小さい)
たねは、ちょくせつ土にまき、土をうすくかける。

⑥ (大きい 小さい)
たねは、指であなを開けて入れ、土をかける。

(1) ①～④は何の植物のたねですか。□に〔　〕からえらんで書きましょう。
〔 オクラ　　ホウセンカ　　ダイズ　　ヒマワリ 〕

(2) ⑤、⑥の( )のうち、正しいほうを◯でかこみましょう。

---

② 植物のめが出た後のようす

ホウセンカのめが出た後

① [　　　]   →

後から出てくる葉の形と大きさは、①と
② (同じ
　　ちがう)。

(1) ①の□にあてはまる言葉を書きましょう。

(2) ②の( )のうち、正しいほうを◯でかこみましょう。

まとめ　〔 形　子葉　色 〕からえらんで( )に書きましょう。

●植物によって、たねの①(　　　　　)や②(　　　　　)、大きさがちがう。

●たねをまいた後、さいしょに出てくる葉を③(　　　　　)という。

  ヒマワリ、ホウセンカなどの子葉の数は2まいですが、イネやトウモロコシ、チューリップ、ユリなどのように、子葉の数が1まいのものもあります。

練習のワーク

できた数　　/11問中

おわったら シールを はろう

教科書 14~20、192、196、198ページ　答え 2ページ

1 植物のたねとたねまきについて、あとの問いに答えましょう。

㋐
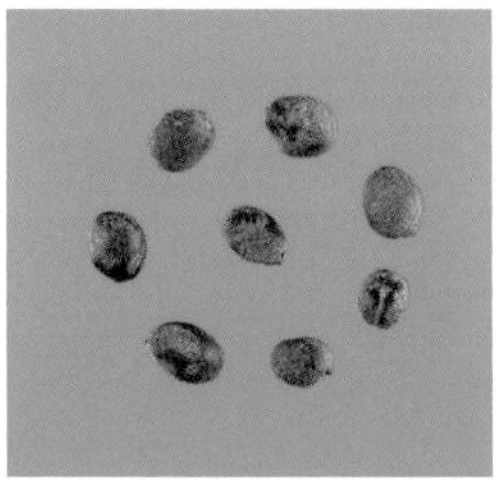

㋑
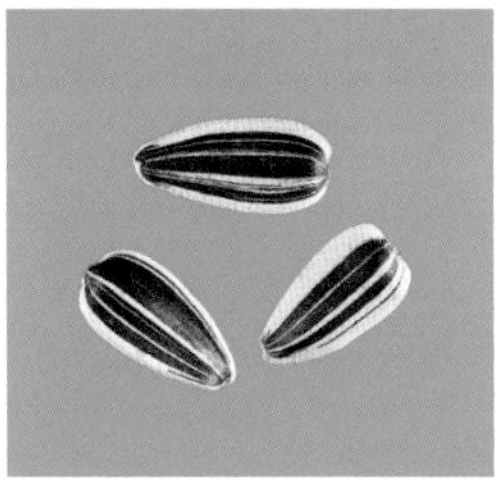

㋒
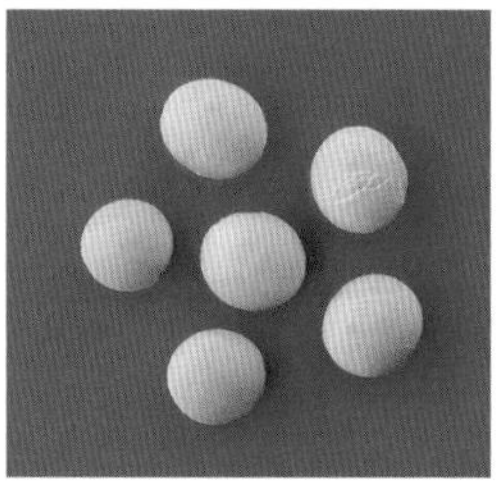

(1) ㋐～㋒はそれぞれ何という植物のたねですか。□に植物の名前を〔　〕からえらんで書きましょう。　〔 ダイズ　ヒマワリ　ホウセンカ 〕

(2) 植物のたねについて正しいものを、ア、イからえらびましょう。　（　　）

ア　植物のしゅるいがちがっていても、たねの形や色、大きさは同じである。

イ　植物のしゅるいによって、たねの形や色、大きさはそれぞれちがう。

(3) 次の文の（　）にあてはまる言葉を、下の〔　〕からえらんで書きましょう。

ヒマワリのたねは、①（　　　　）くらいはなして指などで土にあなを開けた後、②（　　　　）ずつまく。

〔 5cm　20cm　50cm　1つぶ　3つぶ　5つぶ 〕

2 次の図は、ヒマワリとホウセンカのめが出た後のようすです。あとの問いに答えましょう。

㋐
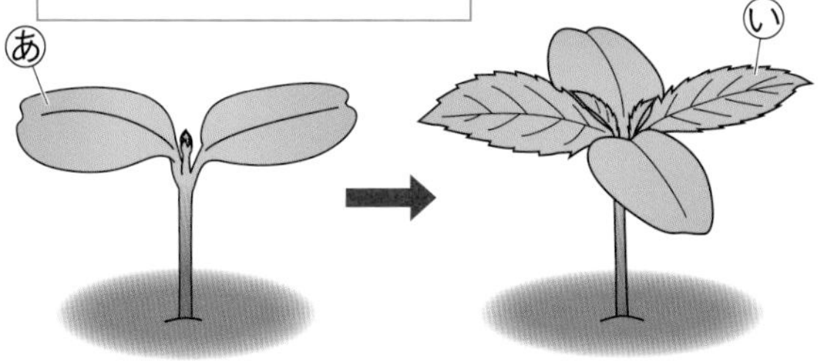

㋑
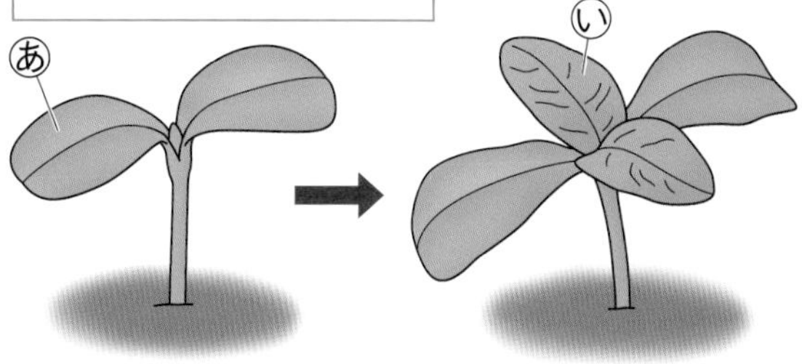

(1) ㋐、㋑の□に、それぞれの植物の名前を書きましょう。

(2) さいしょに出てくる、図の[あ]の葉を何といいますか。　（　　）

(3) 次の文の（　）のうち、正しいほうを◯でかこみましょう。

[あ]の葉と[い]の葉は①（ 同じ　ちがう ）形をしている。この後、②（ [あ]　[い] ）と同じような形をした葉が、次々（つぎつぎ）と出てくる。

2 葉・くき・根

きほんのワーク

もくひょう
植物の体は、葉・くき・根からできていることをかくにんしよう。

おわったら
シールを
はろう

教科書 **21～25ページ** 答え **2ページ**

図を見て、あとの問いに答えましょう。

1 植物の体のつくり

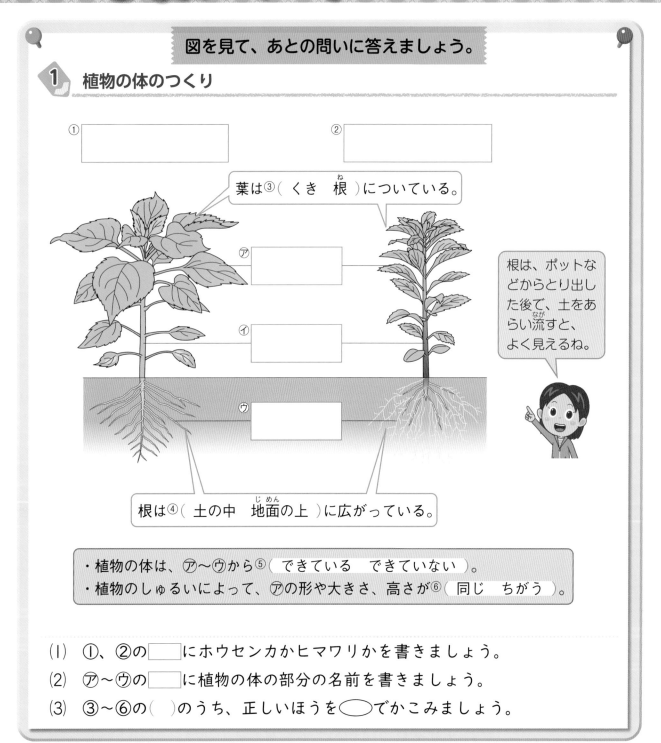

① _____

② _____

葉は③（ くき　根 ）についている。

㋐ _____

㋑ _____

㋒ _____

根は、ポットなどからとり出した後で、土をあらい流すと、よく見えるね。

根は④（ 土の中　地面の上 ）に広がっている。

・植物の体は、㋐～㋒から⑤（ できている　できていない ）。
・植物のしゅるいによって、㋐の形や大きさ、高さが⑥（ 同じ　ちがう ）。

(1) ①、②の□□□にホウセンカかヒマワリかを書きましょう。

(2) ㋐～㋒の□□□に植物の体の部分の名前を書きましょう。

(3) ③～⑥の（ ）のうち、正しいほうを◯でかこみましょう。

まとめ 〔 くき　根　葉 〕からえらんで（ ）に書きましょう。

●植物の体は、①（　　　　　）、②（　　　　　）、根からできている。
●葉はくきについていて、くきの下に③（　　　　　）がある。

  植物の根は、体をささえるはたらきをしています。また、土の中から、水や水にとけているよう分（ひりょう分）をとり入れるはたらきもしています。

練習のワーク

できた数　/11問中　おわったらシールをはろう

教科書 21～25ページ　答え 2ページ

1 次の図は、ヒマワリとホウセンカの体のつくりを表しています。あとの問いに答えましょう。

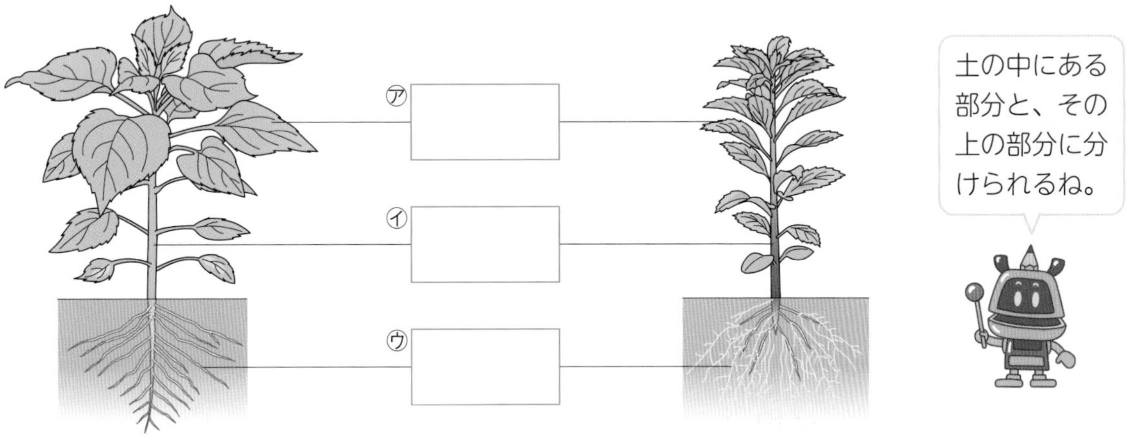
ヒマワリ
ホウセンカ
㋐
㋑
㋒
土の中にある部分と、その上の部分に分けられるね。

(1) 図の㋐～㋒の部分を、それぞれ何といいますか。□に書きましょう。

(2) 次の①～③は、どの部分のせつめいですか。㋐～㋒からえらびましょう。

① 地面から上にのびている。（　　）

② 緑(みどり)色をしていて、育(そだ)っていくと数がふえ、大きくなる。（　　）

③ 土の中に広がっている。（　　）

(3) ホウセンカとヒマワリの体のつくりについて、次の文のうち、正しいものには○、まちがっているものには×をつけましょう。

①（　　）ホウセンカとヒマワリはどちらも、葉、くき、根からできている。

②（　　）ホウセンカとヒマワリの葉、くき、根は全て同じ形である。

③（　　）ホウセンカとヒマワリは、葉の形はちがうが、根の形は同じである。

2 右の図のような牛(ぎゅう)にゅうパックからホウセンカをとり出して、根のつくりをかんさつします。次の問いに答えましょう。

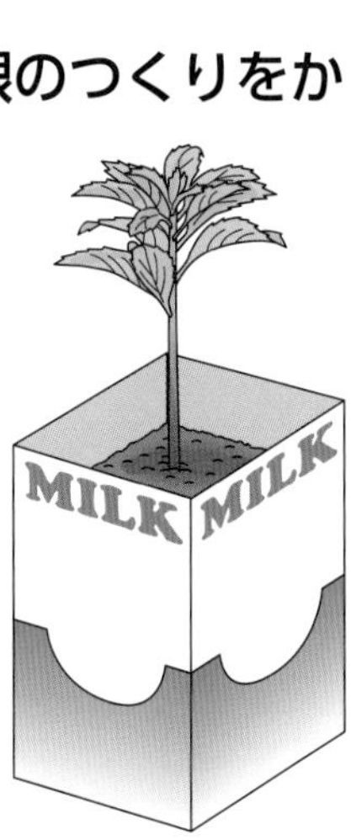
MILK
MILK

(1) 次の文のうち、正しいものに○をつけましょう。

①（　　）とり出したら、そのままかんさつする。

②（　　）根についた土を、そっと水あらいしてから、かんさつする。

③（　　）根をくきから切りとって、かんさつする。

記述 (2) かんさつが終(お)わったら、とり出したホウセンカはどうしますか。

（　　　　　　　　　　　　　　　　）

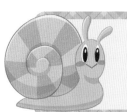
まとめのテスト①

2 植物の育ち方①

勉強した日 月 日

とく点

/100点

おわったら
シールを
はろう

時間
20分

教科書 14〜25、192、196、198ページ 答え 3ページ

1 植物のすがた 次の写真は、いろいろな植物のたねと子葉のようすです。あと
の問いに答えましょう。

1つ5〔40点〕

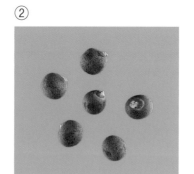

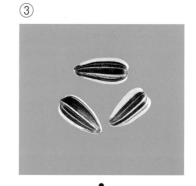

(1) ①〜③は何の植物のたねですか。下の〔 〕からえらんで書きましょう。

①( )
②( )
③( )

〔 ヒマワリ ホウセンカ オクラ 〕

(2) 上の写真で、②のたねの植物の子葉はあなので、線でむすんでいます。同じよ
うに、同じ植物のたねと子葉を線でむすびましょう。

(3) 植物のたねや子葉について、次の文のうち、正しいものには○、まちがってい
るものには×をつけましょう。

①( )たねの大きさは、植物のしゅるいによってちがう。

②( )たねの色は、どの植物もにている。

③( )植物のしゅるいがちがっても、子葉の形はみな同じである。

2 たねのまき方　ヒマワリのたねのまき方と世話について、次の問いに答えましょう。

1つ5〔35点〕

(1)　植物がよく育つようにするために、何をまぜた土にたねをまくとよいですか。

（　　　　　）

(2)　たねのまき方と世話について、次の文のうち、正しいものには○、まちがっているものには×をつけましょう。

①（　　　）大きいたねは、平らにした土の表面にたねをまく。

②（　　　）大きいたねは、指などであなを開けて、そのあなにたねをまく。

③（　　　）まいたたねには土をかける。

④（　　　）まいたたねには土をかけず、そのままにしておく。

⑤（　　　）たねをまいた後、水やりをする。

⑥（　　　）たねをまいた後、水やりをしない。

よく出る　3 植物の育ち方　次の図は、ホウセンカの育つようすを表していますが、育つじゅんにはならんでいません。あとの問いに答えましょう。

1つ5〔15点〕

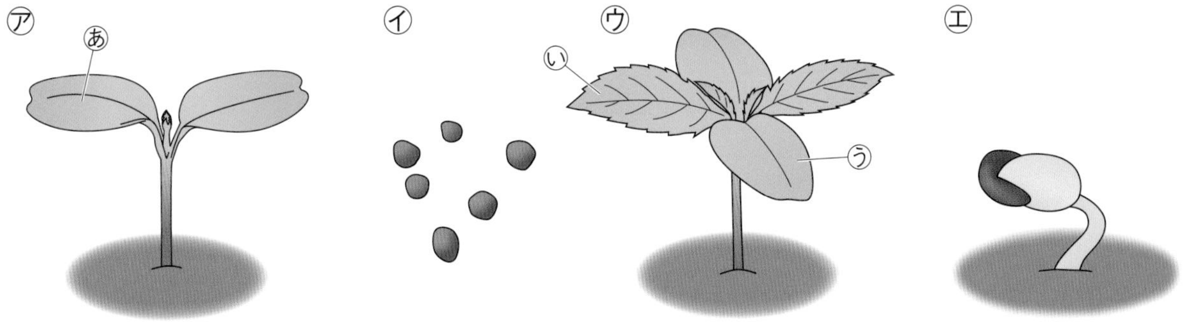

(1)　上の図の㋑をさいしょとして、ホウセンカが育つじゅんに、㋐、㋒、㋓をならべましょう。

（　㋑　→　　　→　　　→　　　）

(2)　[あ]の葉を何といいますか。

（　　　　　）

(3)　[い]と[う]の葉で、後から出たのはどちらの葉ですか。

（　　　　　）

4 かんさつカードの書き方　右の図は、ホウセンカのかんさつカードです。ほかに、どんなことを書きくわえればよいですか。ア〜エから２つえらびましょう。

1つ5〔10点〕

（　　　　）（　　　　）

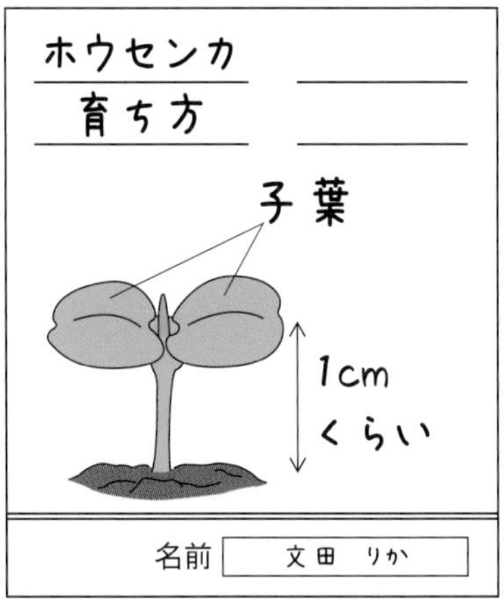

ア　朝おきたときの気分

イ　気づいたことや思ったこと

ウ　自分のたんじょう日

エ　日づけと天気

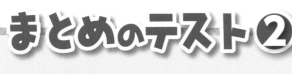

勉強した日　月　日

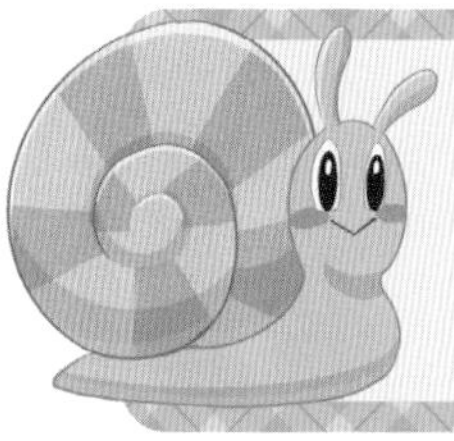

まとめのテスト②

2　植物の育ち方①

とく点　/100点

おわったら シールを はろう

時間 20分

教科書 14～25、192、196、198ページ　答え 3ページ

よく出る **1** **植物の体のつくり** 次の図は、ホウセンカとヒマワリの体のつくりを表しています。あとの問いに答えましょう。

1つ7〔42点〕

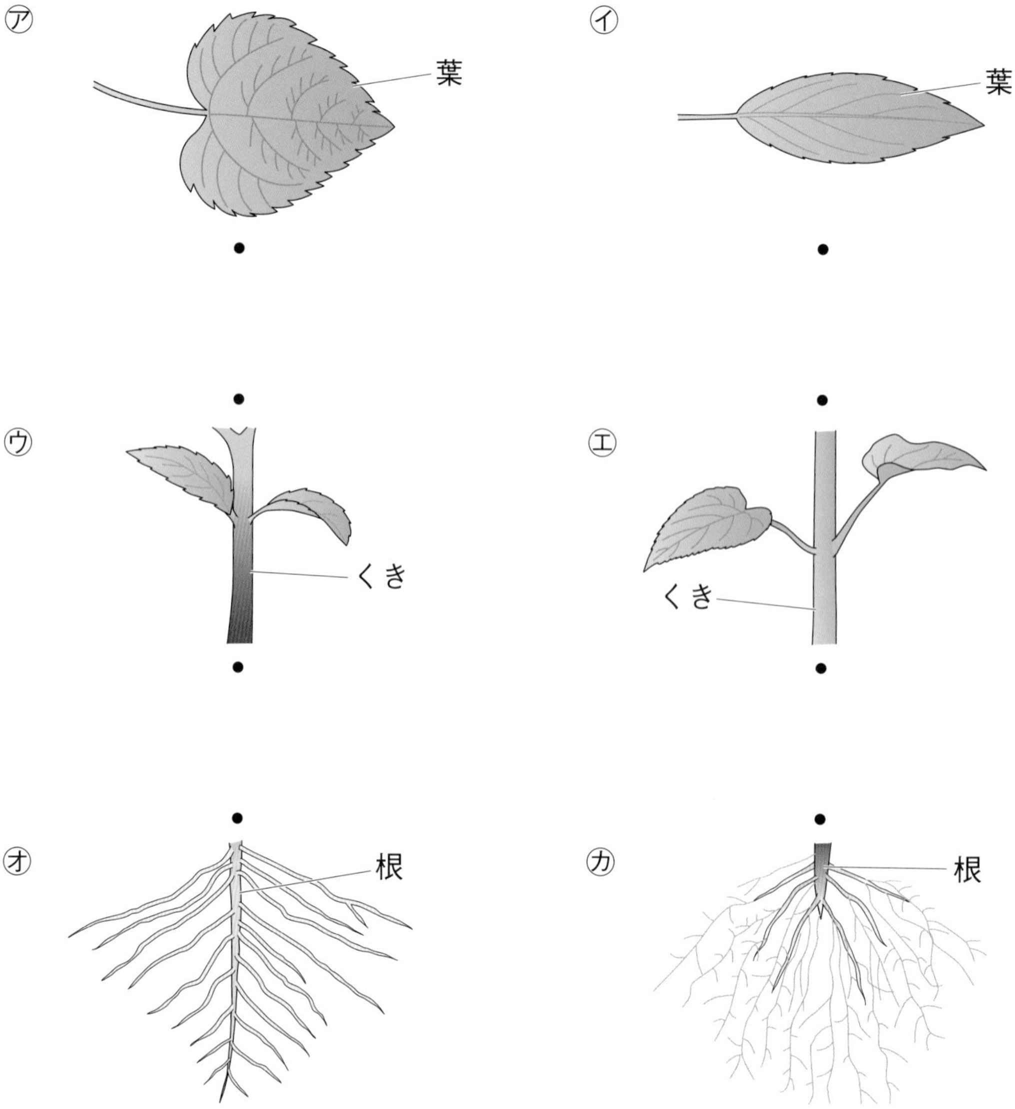

(1)　㋐、㋑はそれぞれホウセンカとヒマワリのどちらの葉ですか。

㋐(　　　　　　)　㋑(　　　　　　)

(2)　ホウセンカとヒマワリのくきと根は、それぞれどれですか。同じ植物どうしの・を線でむすびましょう。

(3)　ホウセンカとヒマワリで、葉の大きさや高さは同じですか、ちがいますか。

(　　　　　　)

(4)　タンポポなどほかの植物の体も、葉、くき、根でできていますか、できていませんか。

(　　　　　　)

2 ヒマワリの体のつくり 右の図は、ヒマワリの体のつくりを表しています。次の問いに答えましょう。

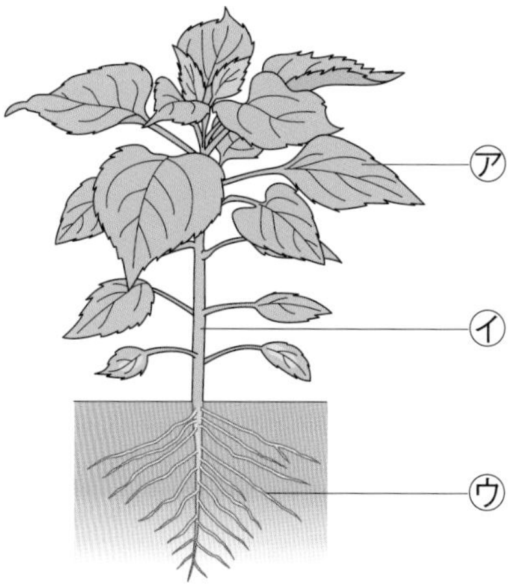

1つ6〔42点〕

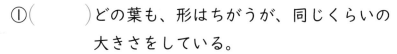

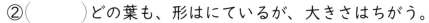

(1) 図の㋐～㋒の部分を、それぞれ何といいますか。

㋐(　　　　) ㋑(　　　　) ㋒(　　　　)

(2) ヒマワリの葉について、次の文のうち、正しいものに○をつけましょう。

①(　　)どの葉も、形はちがうが、同じくらいの大きさをしている。

②(　　)どの葉も、形はにているが、大きさはちがう。

③(　　)どの葉も、形はにていて、同じくらいの大きさをしている。

(3) ヒマワリの根について、次の文のうち、正しいものには○、まちがっているものには×をつけましょう。

①(　　)根は、土の中にある。

②(　　)根は、緑色をしている。

③(　　)根は、えだ分かれしている。

チャレンジ! 3 やさいの食べている部分 次の図はいろいろなやさいを表しています。あとの問いに答えましょう。

1つ4〔16点〕

㋐ ニンジン

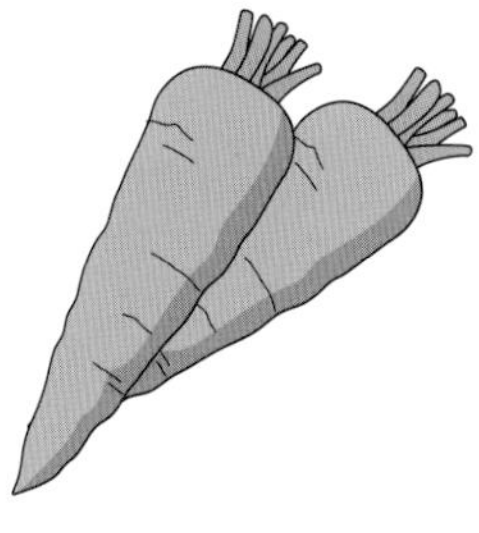

㋑ アスパラガス

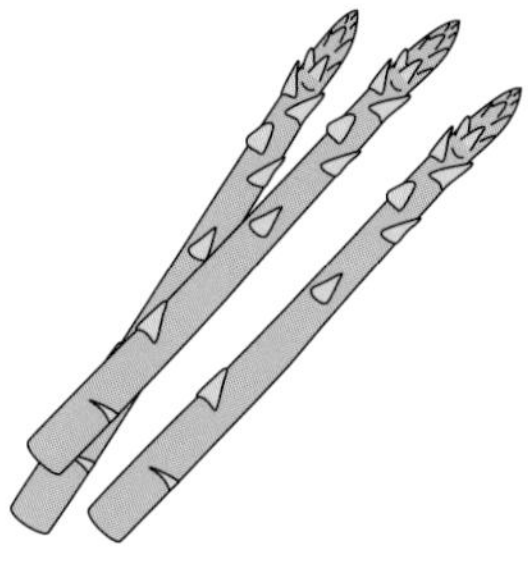

㋒ キャベツ

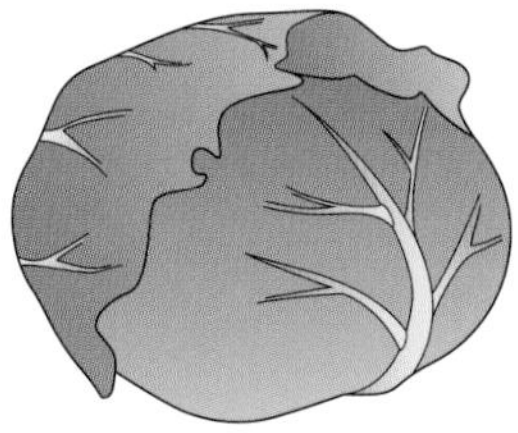

(1) 図の㋐～㋒のやさいは、どの部分を食べていますか。下の〔　〕からそれぞれえらんで書きましょう。

㋐(　　　　) ㋑(　　　　) ㋒(　　　　)

〔 葉　くき　根 〕

(2) 図の㋐(ニンジン)と同じ部分を食べているやさいを、次のア～ウからえらびましょう。 (　　)

ア コマツナ　**イ** ネギ　**ウ** ゴボウ

1 チョウの育ち方①

きほんのワーク

教科書 26〜31、196、198ページ 答え 4ページ

もくひょう
チョウのかい方と、たまご・よう虫のようすをかくにんしよう。

おわったらシールをはろう

図を見て、あとの問いに答えましょう。

1 チョウのかい方

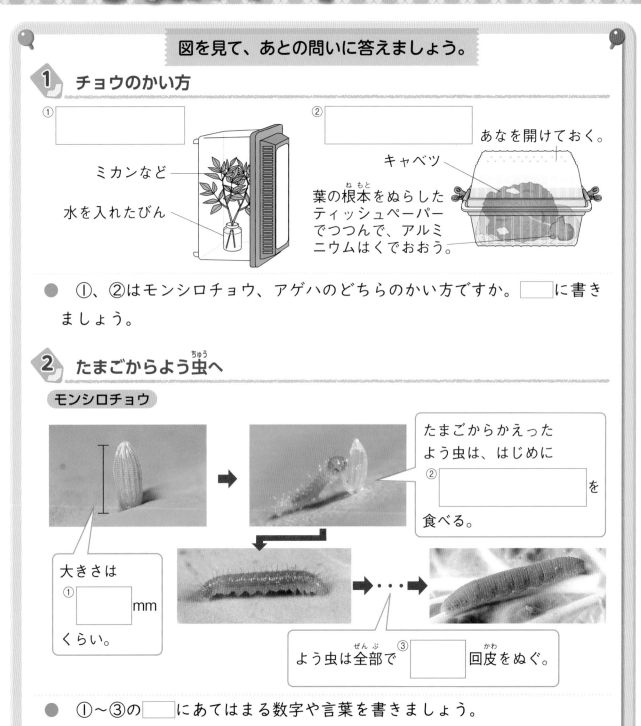

①〔　　　　　〕

ミカンなど

水を入れたびん

②〔　　　　　〕

あなを開けておく。

キャベツ

葉の根本をぬらしたティッシュペーパーでつつんで、アルミニウムはくでおおう。

● ①、②はモンシロチョウ、アゲハのどちらのかい方ですか。□に書きましょう。

2 たまごからよう虫へ

モンシロチョウ

大きさは
①〔　　〕mm
くらい。

たまごからかえったよう虫は、はじめに
②〔　　　　　〕を食べる。

よう虫は全部で③〔　　〕回皮をぬぐ。

● ①〜③の□にあてはまる数字や言葉を書きましょう。

まとめ　〔 大きく 皮 葉 〕からえらんで（　）に書きましょう。

● たまごやよう虫の世話をするときは、①（　　　　　）に乗せたまま行う。

● よう虫は、②（　　　　　）をぬぐたびに、体が③（　　　　　）なる。

わくわくたんてい団　たまごから出てきたアゲハのよう虫は、黒い体に白いもようがついています。実はこれは、鳥のふんににせて、鳥などに食べられないようにしているのです。

勉強した日　月　日

練習のワーク

教科書 26～31、196、198ページ　答え 4ページ

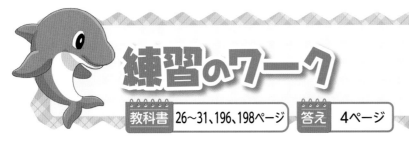

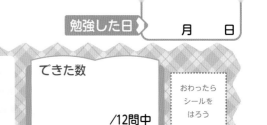

できた数　／12問中

おわったら シールを はろう

1　**たまごからかえったモンシロチョウとアゲハのようすをかんさつしました。あとの問いに答えましょう。**

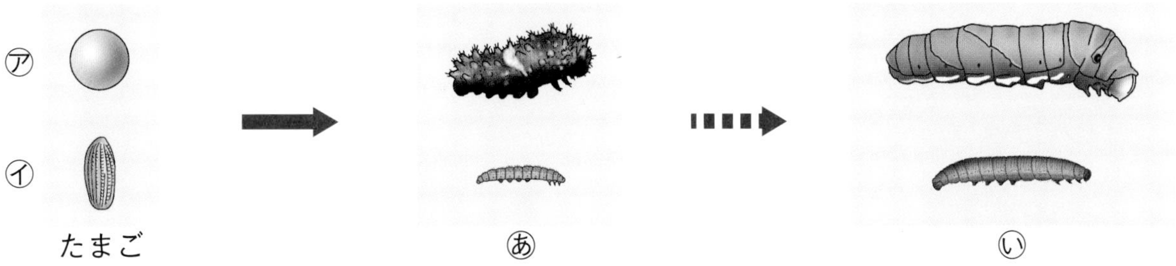

㋐
㋑
たまご
[あ]
[い]

(1)　上の図の㋐、㋑は、モンシロチョウとアゲハのどちらの育つようすですか。

㋐(　　　　　　　)　㋑(　　　　　　　)

(2)　次のア～エの植物の葉のうち、㋐、㋑のたまごを見つけることができるのは、どれですか。2つずつえらびましょう。

㋐(　　　と　　　)　㋑(　　　と　　　)

ア　サンショウ　　イ　キャベツ　　ウ　ミカン　　エ　コマツナ

(3)　㋐、㋑のたまごの大きさを、ア～エからえらびましょう。　(　　　)

ア　1mmくらい　　イ　5mmくらい　　ウ　1cmくらい　　エ　2cmくらい

(4)　上の図の[あ]と[い]のようなすがたを何といいますか。　(　　　　　)

(5)　モンシロチョウとアゲハは、[い]のようなすがたになるまで、何回皮をぬぎますか。　(　　　　　)

2　**右の図のような入れもので、チョウのよう虫を育てます。次の問いに答えましょう。**

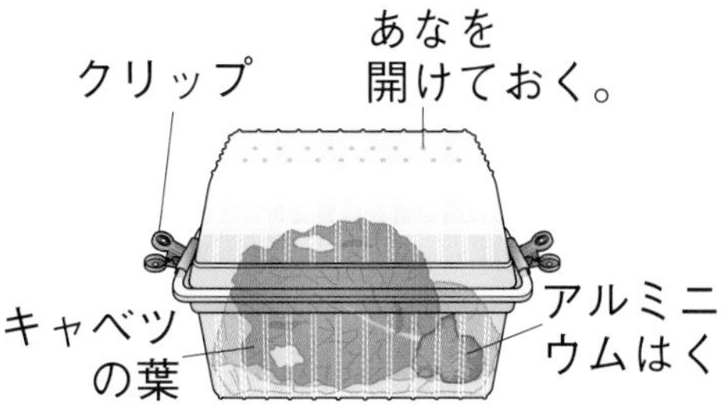

クリップ
あなを
開けておく。
キャベツ
の葉
アルミニ
ウムはく

(1)　このかい方で育てることができるのは、アゲハとモンシロチョウのどちらですか。

(　　　　　　　)

記述　(2)　キャベツの葉の根本は、水でぬらしたティッシュペーパーでつつんで、アルミニウムはくでおおっています。そのようにするのはなぜですか。

(　　　　　　　　　　　　　　　　　　　　　　)

(3)　次の文のうち、正しいものには○、まちがっているものには×をつけましょう。

①(　　　)毎日、ふんのそうじをする。

②(　　　)えさの葉は、2～3日に1回とりかえる。

③(　　　)よう虫を動かすときは、指でそっとつまむ。

3 こん虫の育ち方

1 チョウの育ち方②

きほんのワーク

勉強した日 ▶ 月　日

もくひょう

チョウのよう虫がどのようにせい虫になるかをかくにんしよう。

おわったら
シールを
はろう

教科書　32〜36ページ　答え　4ページ

図を見て、あとの問いに答えましょう。

1 よう虫からさなぎへ

モンシロチョウ

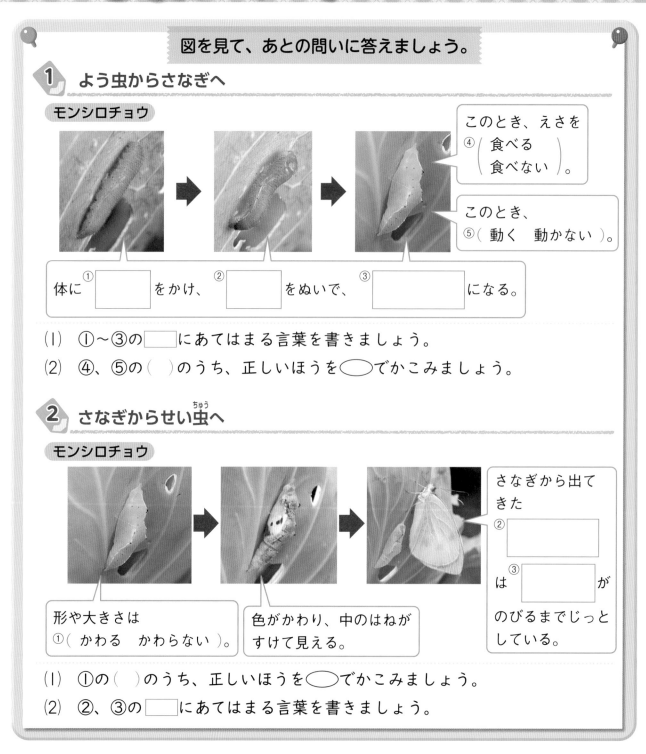

このとき、えさを
④(食べる / 食べない)。

このとき、
⑤(動く / 動かない)。

体に①[　　　]をかけ、②[　　　]をぬいで、③[　　　]になる。

(1) ①〜③の[　]にあてはまる言葉を書きましょう。

(2) ④、⑤の( )のうち、正しいほうを◯でかこみましょう。

2 さなぎからせい虫へ

モンシロチョウ

形や大きさは
①(かわる / かわらない)。

色がかわり、中のはねがすけて見える。

さなぎから出てきた②[　　　]は③[　　　]がのびるまでじっとしている。

(1) ①の( )のうち、正しいほうを◯でかこみましょう。

(2) ②、③の[　]にあてはまる言葉を書きましょう。

まとめ 〔 さなぎ　せい虫　たまご　よう虫 〕からえらんで( )に書きましょう。

● チョウのなかまは、①(　　　　　)→②(　　　　　)→③(　　　　　)
　→④(　　　　　)のじゅんに育つ。

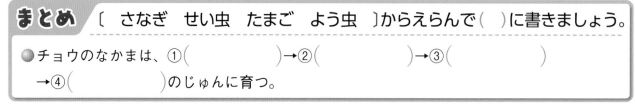

はってん カイコガも、モンシロチョウやアゲハと同じじゅんで育ちますが、口から糸をはいて作る「まゆ」の中でさなぎになり、まゆをやぶってせい虫が出てきます。

練習のワーク

勉強した日　月　日

できた数

／10問中

おわったら
シールを
はろう

教科書 32〜36ページ　答え 4ページ

1 チョウがよう虫からさなぎになる
ときのようすについて、次の問いに答
えましょう。

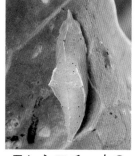

モンシロチョウの
さなぎ

アゲハのさなぎ

(1) 大きく育ったよう虫からさなぎに
なるときのじゅんになるように、ア
〜ウをならべましょう。

（　　　　→　　　　→　　　　）

ア　皮をぬぐ。　　イ　さなぎのすがたになる。

ウ　体に糸をかけて、葉やくきに体をとめる。

(2) さなぎのようすについて、正しいものには○、まちがっているものには×をつ
けましょう。

①（　　　）じっとして動かない。

②（　　　）ときどき動いてえさを食べる。

③（　　　）えさを全く食べない。

2 チョウのさなぎやせい虫について、次の問いに答えましょう。

(1) さなぎの形や大きさ、色について、正しいものには○、まちがっているものに
は×をつけましょう。

①（　　　）形や大きさは、さなぎの間はかわらない。

②（　　　）だんだんとさなぎからせい虫の形になっていく。

③（　　　）色は、さなぎの間はかわらない。

④（　　　）だんだんとすけてきて、はねのもようが見えてくる。

(2) さなぎからせい虫へのかわり方を、次のア〜ウからえらびましょう。（　　　）

ア　さなぎの形がかわり、せい虫のすがたになる。

イ　さなぎからあしやはねが出てきて、せい虫になる。

ウ　さなぎの皮をやぶって、せい虫が出てくる。

(3) 右の写真のような、せい虫になったばかりのアゲハは、
何をしていますか。ア〜ウからえらびましょう。（　　　）

ア　すぐにとぼうとしている。

イ　はねがのびるまで、じっとしている。

ウ　さなぎの皮を食べている。

まとめのテスト①

3　こん虫の育ち方

とく点　　/100点

おわったら シールを はろう

時間 20分

教科書 26～36、196、198ページ　答え 4ページ

よく出る **1** **モンシロチョウの育ち方** 次の写真は、モンシロチョウの４つのすがたを表しています。あとの問いに答えましょう。　1つ5〔55点〕

㋐たまご

㋑

㋒

㋓

(1)　㋑～㋓のすがたを、それぞれ何といいますか。

㋑(　　　　　)　㋒(　　　　　)
㋓(　　　　　)

(2)　㋐をさいしょとして、㋑～㋓はどのようなじゅんに育ちますか。正しいものに○をつけましょう。

①(　　　)㋐たまご→㋑→㋒→㋓
②(　　　)㋐たまご→㋓→㋑→㋒
③(　　　)㋐たまご→㋒→㋓→㋑
④(　　　)㋐たまご→㋓→㋒→㋑

(3)　次の①～④の文は、上の写真のどのときのようすについて書かれたものですか。それぞれ㋐～㋓からえらびましょう。

①　皮を４回ぬいで大きくなる。(　　　)
②　大きさが１ｍｍくらいで、黄色である。(　　　)
③　しわしわだったはねがのびている。(　　　)
④　体が糸で植物にくっついている。(　　　)

(4)　㋑、㋒、㋓のすがたのとき、何を食べますか。または、何も食べませんか。次のア～オからそれぞれえらびましょう。

㋑(　　　)　㋒(　　　)　㋓(　　　)

ア　花のみつ　　イ　クワの葉
ウ　ミカンの葉　エ　キャベツの葉
オ　何も食べない。

2 モンシロチョウのかい方 右の図のようにして、モンシロチョウのたまごを育て、よう虫をかいました。次の問いに答えましょう。

1つ5〔20点〕

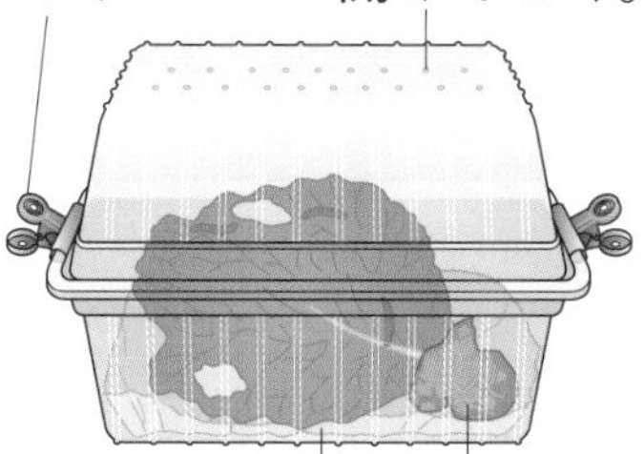

(1) モンシロチョウのたまごを見つけるためには、どこをさがせばよいですか。正しいものに○をつけましょう。

①（　　　）クワの葉　　　②（　　　）タンポポの葉

③（　　　）キャベツの葉　④（　　　）ホウセンカの葉

チャレンジ

(2) (1)にたまごがうみつけられるのはなぜですか。「食べもの」という言葉を使って書きましょう。

（　　　　　　　　　　　　　　　　　　　　　　　　　　　）

(3) 入れものに入れる葉は、どのようにとりかえますか。正しいものに○をつけましょう。

①（　　　）毎日、新しい葉にとりかえる。

②（　　　）全ての葉を食べたらとりかえる。

③（　　　）葉がかれたらとりかえる。

(4) よう虫を新しい葉にうつすとき、どのようにしますか。正しいものに○をつけましょう。

①（　　　）よう虫を指でつまんで新しい葉にうつす。

②（　　　）よう虫をピンセットでつまんで新しい葉にうつす。

③（　　　）よう虫を乗せたまま古い葉を切りとり、新しい葉に乗せる。

図中ラベル:
クリップ
あなを開けておく。
ティッシュペーパー
葉の根本（ねもと）を水でぬらしたティッシュペーパーでつつんで、アルミニウムはくでおおう。

3 アゲハの育ち方 次の図は、アゲハの育つようすを表したものです。あとの問いに答えましょう。

1つ5〔25点〕

㋐　　　㋑ 　　　㋒ 　　　㋓

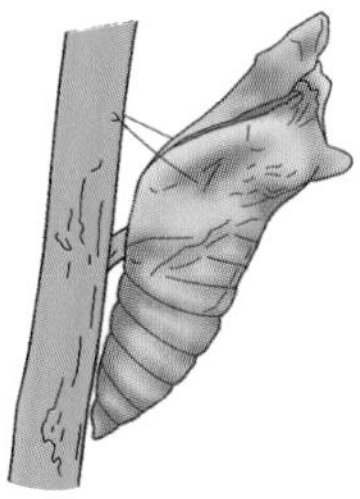

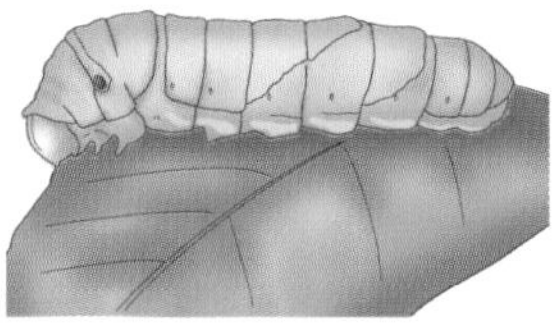

(1) ㋐〜㋓のすがたを、それぞれ何といいますか。

㋐（　　　　　　　）　㋑（　　　　　　　）

㋒（　　　　　　　）　㋓（　　　　　　　）

(2) ㋒をさいしょとして、㋐、㋑、㋓を、アゲハが育つじゅんにならべましょう。

（　㋒　→　　　　→　　　　→　　　　）

2　こん虫の体のつくり①

きほんのワーク

もくひょう
チョウの体のつくりを
かくにんしよう。

おわったら
シールを
はろう

教科書　37〜38ページ　答え　5ページ

図を見て、あとの問いに答えましょう。

1　チョウの体のつくり

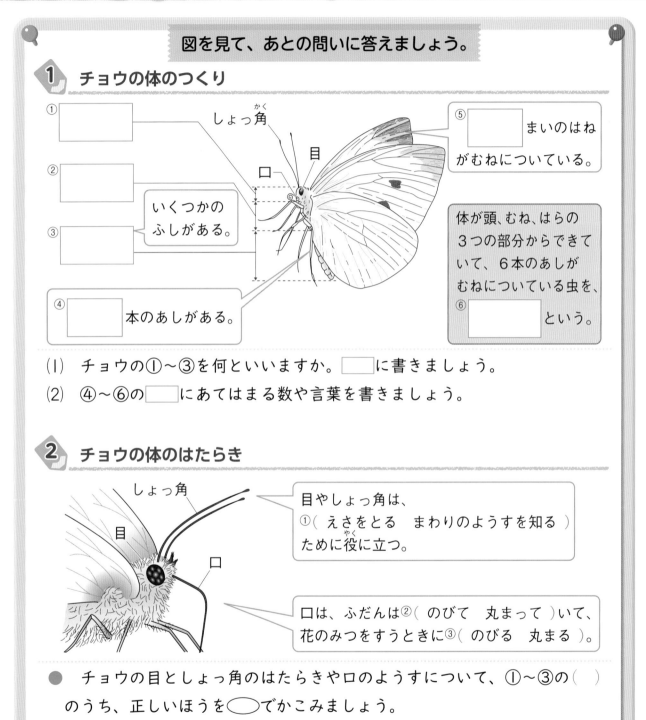

しょっ角

目

口

① [　　　]

② [　　　]

いくつかの
ふしがある。

③ [　　　]

④ [　　　] 本のあしがある。

⑤ [　　　] まいのはね
がむねについている。

体が頭、むね、はらの
3つの部分からできて
いて、6本のあしが
むねについている虫を、
⑥ [　　　] という。

（1）　チョウの①〜③を何といいますか。[　　] に書きましょう。

（2）　④〜⑥の [　　] にあてはまる数や言葉を書きましょう。

2　チョウの体のはたらき

しょっ角

目

口

目やしょっ角は、
①（ えさをとる　まわりのようすを知る ）
ために役に立つ。

口は、ふだんは②（ のびて　丸まって ）いて、
花のみつをすうときに③（ のびる　丸まる ）。

● チョウの目としょっ角のはたらきや口のようすについて、①〜③の（ ）
のうち、正しいほうを◯でかこみましょう。

まとめ　〔 むね　はら 〕からえらんで（ ）に書きましょう。

● こん虫の体は、頭、むね、①（　　　　　　　　　）の3つの部分からできている。

● こん虫は、②（　　　　　　　　　）に6本のあしがある。

こん虫のはねの数は4まいのものが多いですが、ハエやカやアブのようにはねが2まいの
ものや、アリやノミのようにはねをもたないものもいます。

練習のワーク

教科書　37～38ページ　答え　5ページ

できた数　/16問中　おわったらシールをはろう

1 **右の図は、モンシロチョウの体のつくりを表しています。次の問いに答えましょう。**

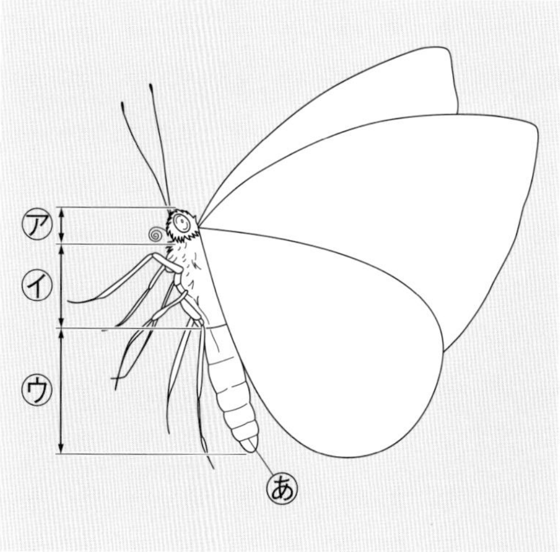
㋐
㋑
㋒
[あ]

作図・(1) 右の図の㋐～㋒の部分のうち、頭を赤色、むねを黄色、はらを緑色でぬりましょう。

(2) ㋒の部分はいくつかの[あ]に分かれています。[あ]を何といいますか。
（　　　　）

(3) モンシロチョウのはねは、何まいありますか。（　　　　）

(4) モンシロチョウのあしは、何本ありますか。（　　　　）

(5) モンシロチョウのような体のつくりをしている虫を、何といいますか。
（　　　　）

2 **チョウの体のつくりやはたらきを、本やインターネットのウェブサイトで調べました。次の問いに答えましょう。**

(1) チョウの体のつくりやはたらきについて、正しいものには○、まちがっているものには×をつけましょう。

①（　　）はねは全てむねについている。
②（　　）あしはむねとはらについている。
③（　　）むねはいくつかのふしからできている。
④（　　）目は頭、しょっ角はむねについている。
⑤（　　）目やしょっ角には、まわりのようすを知るはたらきがある。

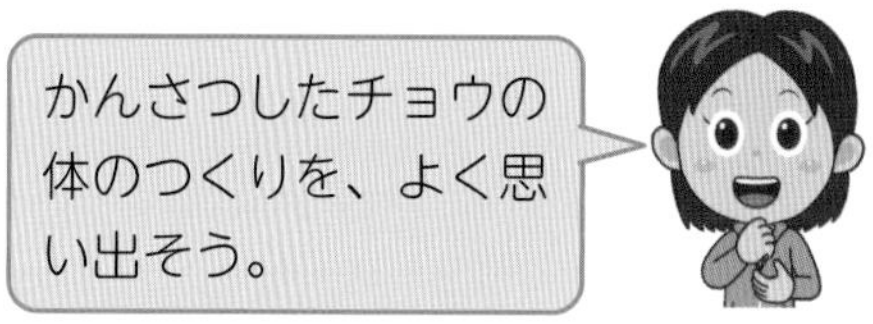
かんさつしたチョウの体のつくりを、よく思い出そう。

(2) チョウの口は、ふだんは丸まっていますが、花のみつをすうときはどうなりますか。
（　　　　）

(3) チョウはこん虫のなかまです。こん虫の体のとくちょうについて、次の文の（　）にあてはまる言葉や数を書きましょう。

体が①（　　　）、②（　　　）、③（　　　）の3つの部分からできていて、④（　　　）本のあしが⑤（　　　）についている。

勉強した日 ▶ 　　月　　日

もくひょう・
トンボやバッタ、ダンゴムシ、クモの体のつくりを調べよう。

おわったらシールをはろう

2　こん虫の体のつくり②

きほんのワーク

教科書 39〜42、198ページ　　答え 5ページ

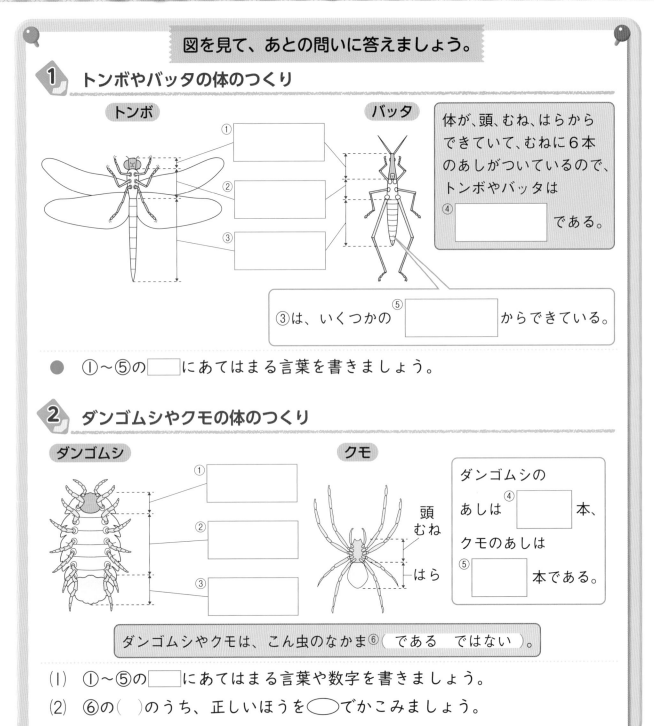

図を見て、あとの問いに答えましょう。

1 トンボやバッタの体のつくり

トンボ　　　　　　　　　　　　　バッタ

①[　　　]
②[　　　]
③[　　　]

体が、頭、むね、はらからできていて、むねに6本のあしがついているので、トンボやバッタは
④[　　　]である。

③は、いくつかの⑤[　　　]からできている。

● ①〜⑤の[　]にあてはまる言葉を書きましょう。

2 ダンゴムシやクモの体のつくり

ダンゴムシ　　　　　　　　　　クモ

①[　　　]
②[　　　]
③[　　　]

頭
むね
はら

ダンゴムシのあしは④[　　　]本、
クモのあしは⑤[　　　]本である。

ダンゴムシやクモは、こん虫のなかま⑥（ である　ではない ）。

(1)　①〜⑤の[　]にあてはまる言葉や数字を書きましょう。

(2)　⑥の（　）のうち、正しいほうを◯でかこみましょう。

まとめ　〔 こん虫　こん虫ではない虫 〕からえらんで（　）に書きましょう。

● トンボやバッタは、①（　　　　　　　　　）である。
● ダンゴムシやクモは、②（　　　　　　　　　）である。

わくわくたんてい団　ダンゴムシは、エビやカニのなかまです。また、クモのなかまには、ダニやサソリなどがいます。

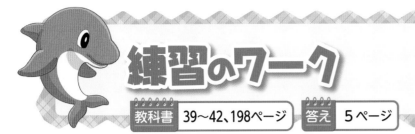

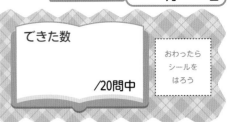

勉強した日　月　日

練習のワーク

教科書 39〜42、198ページ　答え 5ページ

できた数　/20問中

おわったらシールをはろう

1 いろいろなこん虫の体のつくりをくらべました。あとの問いに答えましょう。

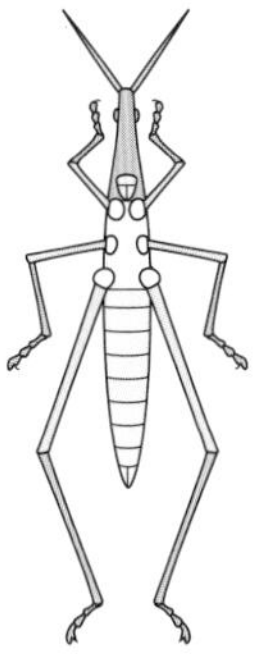
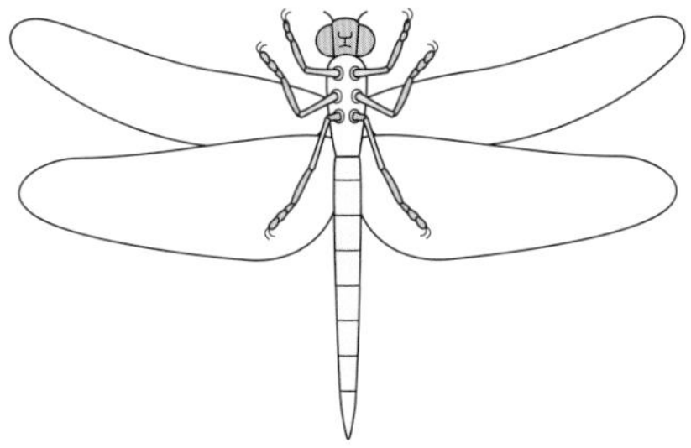
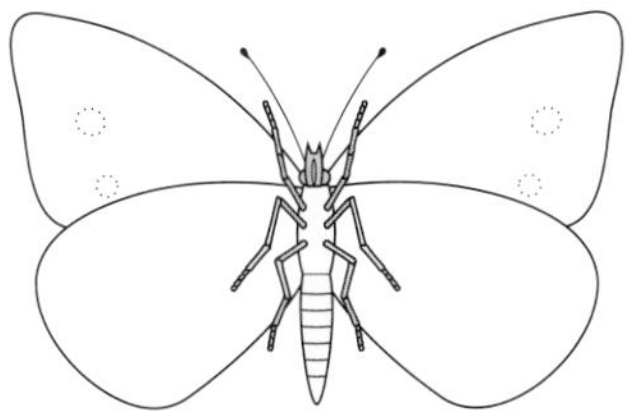

㋐ [　　　]　㋑ [　　　]　㋒ [　　　]

(1) ㋐〜㋒のこん虫の名前を、下の〔　〕からえらんで[　]に書きましょう。

〔　シオカラトンボ　　モンシロチョウ　　ショウリョウバッタ　〕

(2) ㋐〜㋒について、あしの数はそれぞれ何本ですか。

㋐(　　　)　㋑(　　　)　㋒(　　　)

(3) ㋐〜㋒について、次の色の部分は、それぞれ何といいますか。

赤色(　　　)　黄色(　　　)　青色(　　　)

(4) ㋐〜㋒のあしとはねは、何という部分についていますか。　(　　　)

2 いろいろな虫の体のつくりをくらべました。あとの問いに答えましょう。

㋐
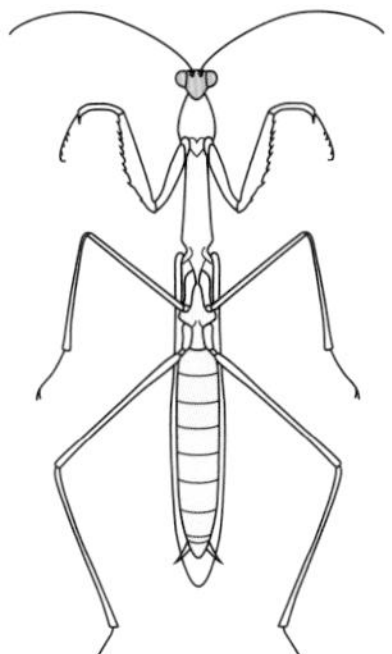
オオカマキリ

㋑
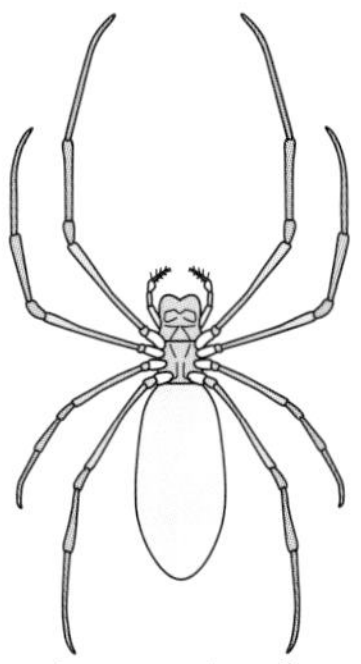
ジョロウグモ

㋒
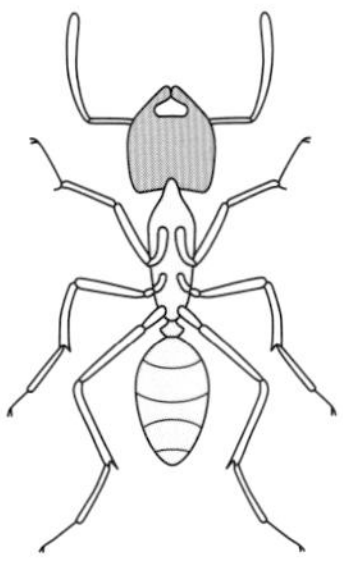
クロオオアリ

㋓
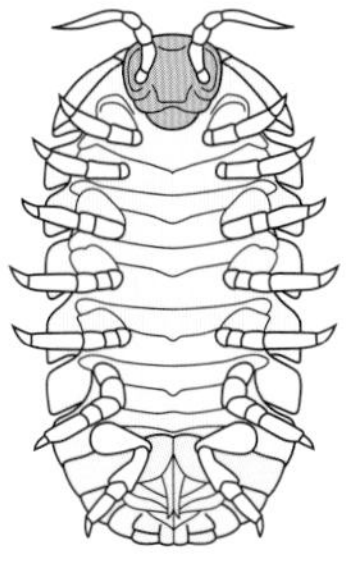
ダンゴムシ

(1) ㋐〜㋓の体は、それぞれいくつに分かれていますか。

㋐(　　　)　㋑(　　　)　㋒(　　　)　㋓(　　　)

(2) ㋐〜㋓のあしの数はそれぞれ何本ですか。

㋐(　　　)　㋑(　　　)　㋒(　　　)　㋓(　　　)

(3) ㋐〜㋓のうち、こん虫のなかまを2つえらびましょう。

(　　　)(　　　)

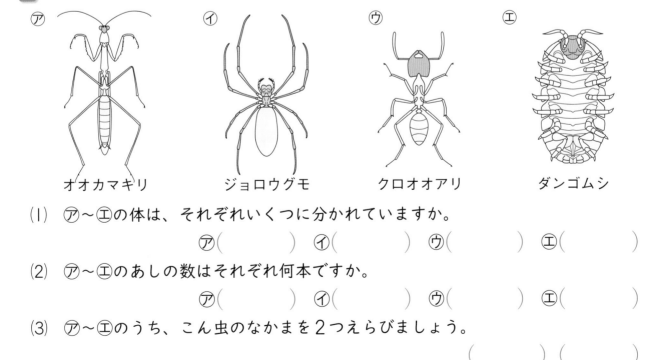

3　こん虫の育ち方

きほんのワーク　教科書 43〜51ページ　答え 6ページ

図を見て、あとの問いに答えましょう。

1 よう虫のかい方

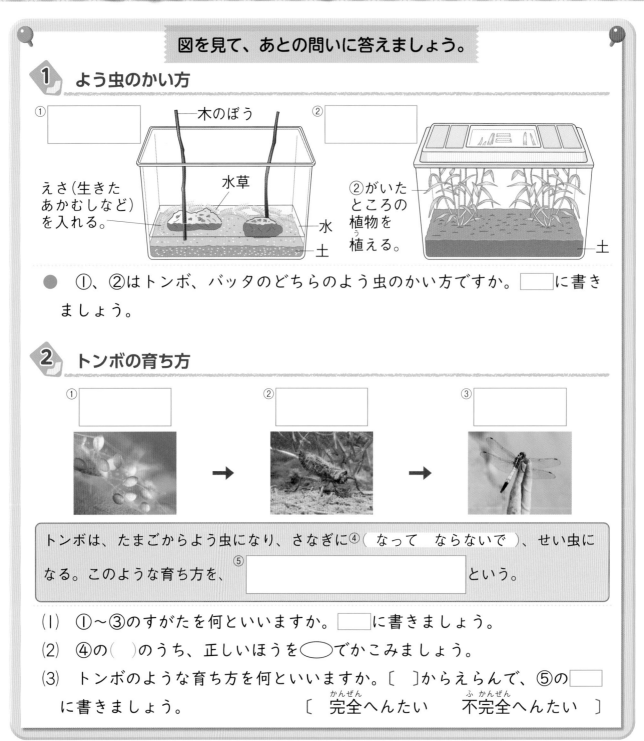

① □　木のぼう　② □

えさ（生きたあかむしなど）を入れる。　水草　②がいたところの植物を植える。　水　土　土

● ①、②はトンボ、バッタのどちらのよう虫のかい方ですか。□に書きましょう。

2 トンボの育ち方

① □　→　② □　→　③ □

トンボは、たまごからよう虫になり、さなぎに④（ なって　ならないで ）、せい虫になる。このような育ち方を、⑤ □ という。

(1)　①〜③のすがたを何といいますか。□に書きましょう。

(2)　④の（　）のうち、正しいほうを◯でかこみましょう。

(3)　トンボのような育ち方を何といいますか。〔　〕からえらんで、⑤の□に書きましょう。〔　完全へんたい　不完全へんたい　〕

まとめ　〔　よう虫　不完全へんたい　〕からえらんで（　）に書きましょう。

● トンボやバッタは、たまご→①（　　　）→せい虫のじゅんに育つ。
● トンボやバッタのような育ち方を②（　　　）という。

バッタは、よう虫もせい虫も草むらで生活します。トンボは、よう虫（やご）は水の中ですごし、せい虫は池のまわりの草むらや林などでくらし、空をとびまわります。

練習のワーク

教科書 43〜51ページ　答え 6ページ

できた数　　/18問中

おわったら
シールを
はろう

1 次の図は、モンシロチョウ、シオカラトンボ、ショウリョウバッタの育ち方を
まとめたものです。あとの問いに答えましょう。

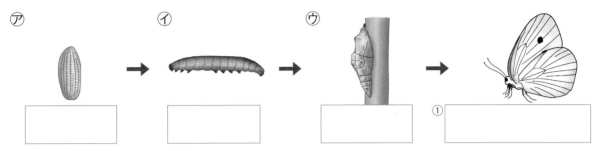

⑦　　　　　　イ　　　　　　ウ　　　　　　①

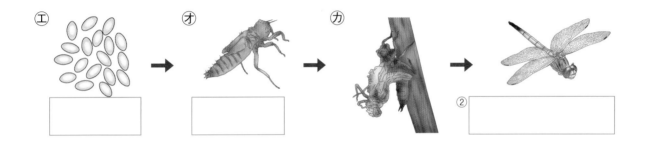

エ　　　　　　オ　　　　　　カ　　　　　　②

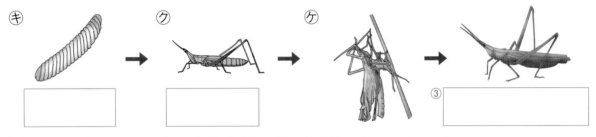

キ　　　　　　ク　　　　　　ケ　　　　　　③

(1) それぞれのこん虫の名前を①〜③の □ に書きましょう。

(2) ⑦〜オ、キ、クのすがたをそれぞれ何といいますか。 □ に書きましょう。

(3) モンシロチョウのようにさなぎになってからせい虫になる育ち方は、完全へん
たい、不完全へんたいのどちらですか。　　　　　（　　　　　　　　　）

(4) 次の文のうち、正しいものには〇、まちがっているものには×をつけましょう。

①（　　）シオカラトンボはさなぎにならない。

②（　　）ショウリョウバッタはさなぎにならないのでこん虫ではない。

③（　　）カブトムシはモンシロチョウのようにさなぎになる。

④（　　）全てのこん虫はさなぎになる。

(5) ⑦、エ、キはどこで見つかりますか。下の〔　〕からえらんで書きましょう。

⑦（　　　　　　　）　エ（　　　　　　　）　キ（　　　　　　　）

〔　水の中　　土の中　　木のえだ　　ミカンの葉　　キャベツの葉　〕

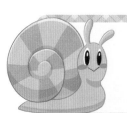

まとめのテスト②

3 こん虫の育ち方

とく点

/100点

おわったら
シールを
はろう

時間
20
分

教科書 37〜51、198ページ　答え 6ページ

1 **モンシロチョウの体のつくり** 右の図は、モンシロチョウの体のつくりです。次の問いに答えましょう。　1つ4〔32点〕

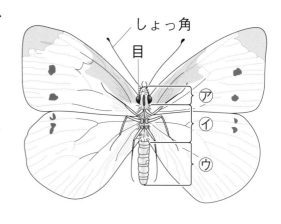

しょっ角
目
㋐
㋑
㋒

(1) モンシロチョウの体は、頭、むね、はらの3つの部分からできています。頭、むね、はらを、それぞれ図の㋐〜㋒からえらびましょう。

頭（　　　）

むね（　　　）

はら（　　　）

(2) モンシロチョウのあしとはねは、体のどの部分についていますか。それぞれ図の㋐〜㋒からえらびましょう。　あし（　　　）　はね（　　　）

(3) モンシロチョウのあしは、何本ありますか。　（　　　　　）

(4) (1)〜(3)のようなとくちょうがある虫を何といいますか。　（　　　　　）

記述 (5) モンシロチョウの目やしょっ角は、どのようなことに役に立っていますか。

（　　　　　　　　　　　　　　　　　　　　　　）

2 **虫の体のつくり** 次の図は、いろいろな虫の体のつくりを表したものです。あとの問いに答えましょう。　1つ4〔20点〕

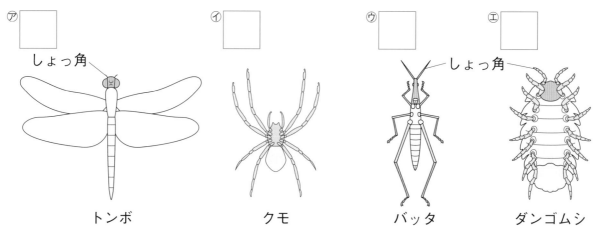

㋐ □
しょっ角
トンボ

㋑ □
クモ

㋒ □
バッタ
しょっ角

㋓ □
ダンゴムシ

作図 (1) トンボのあしは、体のどの部分に何本ありますか。トンボの図に、あしをすべてかきましょう。

(2) ㋐〜㋓の□に、こん虫であるものには〇を、こん虫でないものには✕をつけましょう。

3 **トンボの育ち方** トンボの育ち方について、次の問いに答えましょう。

1つ5〔20点〕

(1) トンボをよう虫から育てるときのかい方として正しいものを、次の㋐～㋒から
えらびましょう。　　　　　　　　　　　　　　　　　　　　　　（　　　）

㋐　水草／水／土

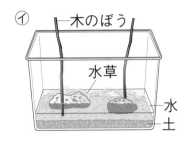
㋑　木のぼう／水草／水／土

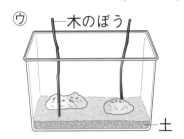
㋒　木のぼう／土

(2) 次の㋐～㋓を、トンボの育つじゅんにならべましょう。

（　　　→　　　→　　　→　　　）

㋐

㋑

㋒

㋓

(3) トンボの育ち方として正しいものを、ア、イからえらびましょう。　（　　　）

　　ア　たまご→よう虫→さなぎ→せい虫　　　イ　たまご→よう虫→せい虫

(4) トンボと同じ育ち方をするこん虫を、ア～エからえらびましょう。　（　　　）

　　ア　アゲハ　　イ　モンシロチョウ　　ウ　バッタ　　エ　アリ

4 **いろいろなこん虫の育ち方** 次の図は、いろいろなこん虫のせい虫のようすを
表しています。あとの問いに答えましょう。

1つ4〔28点〕

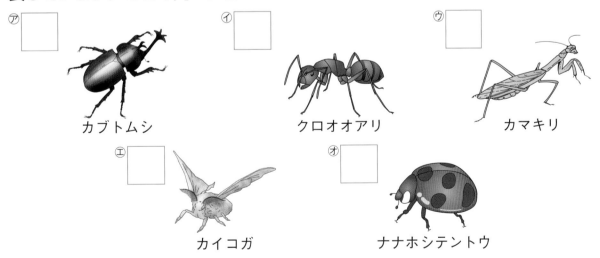

㋐ [　]　カブトムシ　　㋑ [　]　クロオオアリ　　㋒ [　]　カマキリ

㋓ [　]　カイコガ　　㋔ [　]　ナナホシテントウ

(1) ㋐～㋔のうち、たまご→よう虫→さなぎ→せい虫のじゅんに育つこん虫には○
を、たまご→よう虫→せい虫のじゅんに育つこん虫には△をつけましょう。

(2) (1)で○をつけたこん虫の育ち方を何といいますか。　　（　　　　　　　　）

(3) (1)で△をつけたこん虫の育ち方を何といいますか。　　（　　　　　　　　）

葉がふえたころ

きほんのワーク

もくひょう・
ホウセンカとヒマワリの育ち方をくらべながら調べよう。

おわったら
シールを
はろう

教科書 52〜55、196ページ　答え 7ページ

図を見て、あとの問いに答えましょう。

1 ホウセンカの育ち方

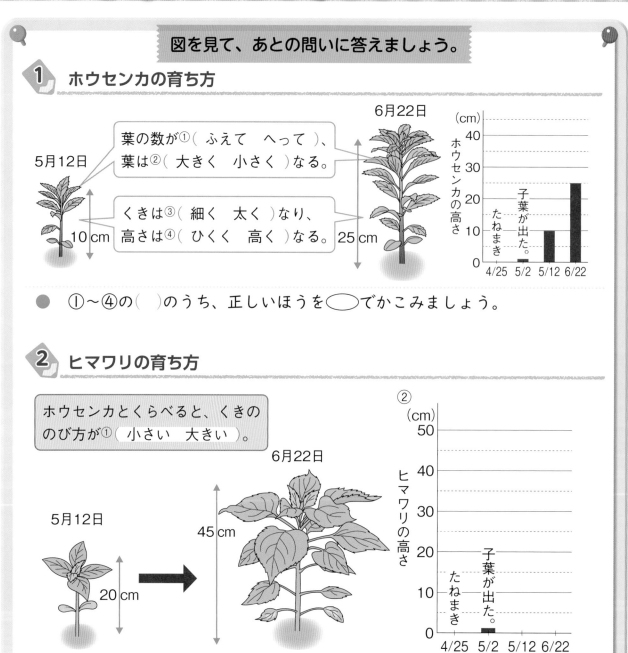

5月12日

6月22日

葉の数が①（ ふえて　へって ）、
葉は②（ 大きく　小さく ）なる。

くきは③（ 細く　太く ）なり、
高さは④（ ひくく　高く ）なる。

10cm　　25cm

(cm) ホウセンカの高さ
40
30
20
10
0
たねまき　子葉が出た。
4/25　5/2　5/12　6/22

● ①〜④の（ ）のうち、正しいほうを ◯ でかこみましょう。

2 ヒマワリの育ち方

ホウセンカとくらべると、くきの
のび方が①（ 小さい　大きい ）。

5月12日

6月22日

20cm　　45cm

②
(cm) ヒマワリの高さ
50
40
30
20
10
0
たねまき　子葉が出た。
4/25　5/2　5/12　6/22

(1) ①の（ ）のうち、正しいほうを ◯ でかこみましょう。

(2) ②の5月12日と6月22日のヒマワリの高さを、ぼうグラフで表しましょう。

まとめ 〔 くき　高く　葉 〕からえらんで（ ）に書きましょう。

● 植物が育つと、①（ ）の数がふえて、②（ ）が太くなり、
高さが③（ ）なっていく。

---

28  植物が育つためには、日光がひつようです。多くの植物の葉は、日光がたくさん当たるように、上の葉が下の葉に重ならないようについています。

勉強した日 ▷ 　　月　　日

できた数

／8問中

おわったら
シールを
はろう

練習のワーク

教科書 52〜55、196ページ　答え 7ページ

1 次の図は、ホウセンカとヒマワリのかんさつカードです。あとの問いに答えましょう。

㋐

6月23日
（晴れ）

育ち方

45cm
くらい

・葉は緑色で、いちばん大きい葉は、手のひらよりも大きい。

・⎡　　　　⑥　　　　⎤

・高さはおよそ45cm。

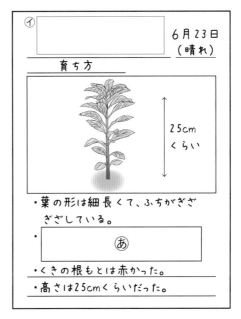

㋑

6月23日
（晴れ）

育ち方

25cm
くらい

・葉の形は細長くて、ふちがぎざぎざしている。

・⎡　　　　⑥　　　　⎤

・くきの根もとは赤かった。

・高さは25cmくらいだった。

(1) ㋐、㋑の□に、植物の名前をそれぞれ書きましょう。

(2) 右のグラフは、ホウセンカとヒマワリのどちらの高さを記ろくしたものですか。　（　　　　　　　　）

(3) かんさつカードの⑥には、次のような文が書かれています。（　）にあてはまる言葉を書きましょう。

前よりも、葉の数が①（　　　　　　）いた。くきは、②（　　　　　　）なって、高さが③（　　　　　　）なった。

（グラフ）

(cm)
50
40
30
20
10
0

植物の高さ

たねまき

4/22　5/2　5/23　6/23

SDGs **2** 右の図は、やさい農家（のうか）の人が、育ったやさいを植えかえているようすです。次の問いに答えましょう。

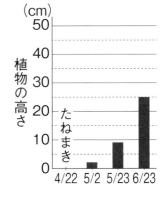

記述▷ (1) やさいを植えかえる前に、畑（はたけ）の土をどのようにしておきますか。

（　　　　　　　　　　　　　　　　　　　　　）

(2) やさいは、どのようにして植えますか。ア、イからえらびましょう。

（　　　　）

ア　たくさんしゅうかくできるように、なるべくつめて植える。

イ　大きく育ったときに集（あつ）まりすぎないように、じゅうぶんに間をあけて植える。

29

1　ゴムの力のはたらき

もくひょう

ゴムの力の大きさと、車が進むきょりとのかんけいをつかもう。

おわったら
シールを
はろう

きほんのワーク

教科書 56〜64、192〜194ページ　　答え 7ページ

図を見て、あとの問いに答えましょう。

① ゴムの力で動く車とゴムの力のはたらき

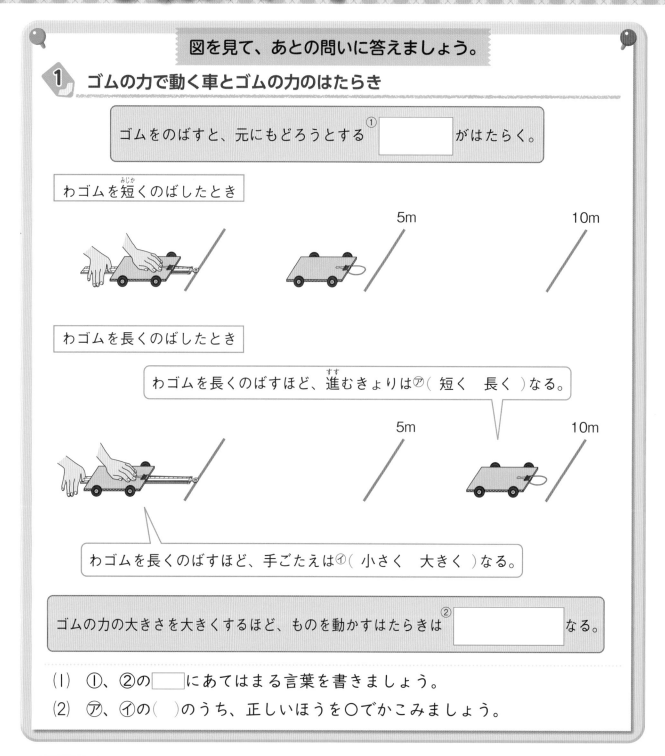

ゴムをのばすと、元にもどろうとする①〔　　　　〕がはたらく。

わゴムを短くのばしたとき

5m　　　　　10m

わゴムを長くのばしたとき

わゴムを長くのばすほど、進むきょりは㋐（ 短く　長く ）なる。

5m　　　　　10m

わゴムを長くのばすほど、手ごたえは㋑（ 小さく　大きく ）なる。

ゴムの力の大きさを大きくするほど、ものを動かすはたらきは②〔　　　　〕なる。

(1)　①、②の□□□にあてはまる言葉を書きましょう。

(2)　㋐、㋑の（　）のうち、正しいほうを○でかこみましょう。

まとめ　〔 大きく　力 〕からえらんで（　）に書きましょう。

● ゴムを長くのばすほど、元にもどろうとする①（　　　　）の大きさが
　②（　　　　）なる。このとき、ものを動かすはたらきは大きくなる。

わゴムはのばすだけでなく、ねじっても元にもどろうとする力がはたらきます。わゴムをのばしすぎたり、ねじりすぎたりすると、切れてしまうので注意しましょう。

練習のワーク

教科書 56~64、192~194ページ　答え 7ページ

できた数　/8問中　おわったらシールをはろう

1 ゴムの力ともものを動かすはたらきのかんけいを調べるため、ゴムの力で動く車を使ってじっけんをしました。あとの問いに答えましょう。

[調べること]
・わゴムののばし方をかえると、車の進む(すす)きょりがどのようにかわるかを調べる。

[予想(よそう)]
A(エー)さん：わゴムののばし方をかえても、車が進むきょりはかわらないと思う。
B(ビー)さん：わゴムを長くのばすと、車が進むきょりは長くなると思う。

[計画(けいかく)]
①発(はっ)しゃそうちの目玉クリップにわゴムをかけて、車を後ろに引いた後、手をはなす。
②車が止まったところにシールをはる。
③わゴムをのばす長さを10cmと15cmにして、車が進んだきょりを、それぞれ3回調べる。

[けっか]

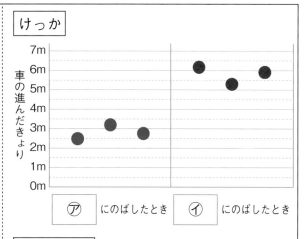

[㋐] にのばしたとき　[㋑] にのばしたとき

[考えたこと]
・わゴムを長くのばしたほうが、車の進むきょりは長くなった。

[わかったこと]
・ゴムの力の大きさを大きくすると、ものを動かすはたらきは、(　㋒　)なる。

(1) 次の図は、[計画]の①で使った発しゃそうちで車をスタートさせるときのようすです。このとき注意(ちゅうい)することについて(　)にあてはまる言葉を書きましょう。

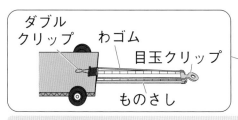

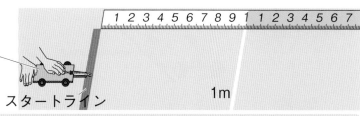

・ものさしの㋐(　　　　　)で、のばしたわゴムの長さをたしかめる。
・発しゃそうちの㋑(　　　　　)と㋒(　　　　　)を、いつも同じにする。

[記述] (2) [計画]の③で、それぞれ3回調べるのはなぜですか。

(　　　　　　　　　　　　　　　　　　　　)

(3) [けっか]の●と●は、わゴムを何cmのばしたときのけっかですか。㋐、㋑にあてはまる長さを書きましょう。　㋐(　　　　)　㋑(　　　　)

(4) 予想が正しかったのは、AさんとBさんのどちらでしたか。(　　　　)

(5) [わかったこと]に書かれた文の㋒にあてはまる言葉を書きましょう。

(　　　　　　)

2　風の力のはたらき

きほんのワーク

もくひょう
風の力の大きさと、車が進むきょりとのかんけいをつかもう。

おわったらシールをはろう

教科書　65〜71ページ　　答え　7ページ

図を見て、あとの問いに答えましょう。

1 風の力で動く車

うちわであおぐと、どうなるかな。

風

ほ

① ［　　　　　］ を受けるところ。

車は、② ［　　　　　］ の力で動く。

● ①、②の □ にあてはまる言葉を書きましょう。

2 風の力のはたらき

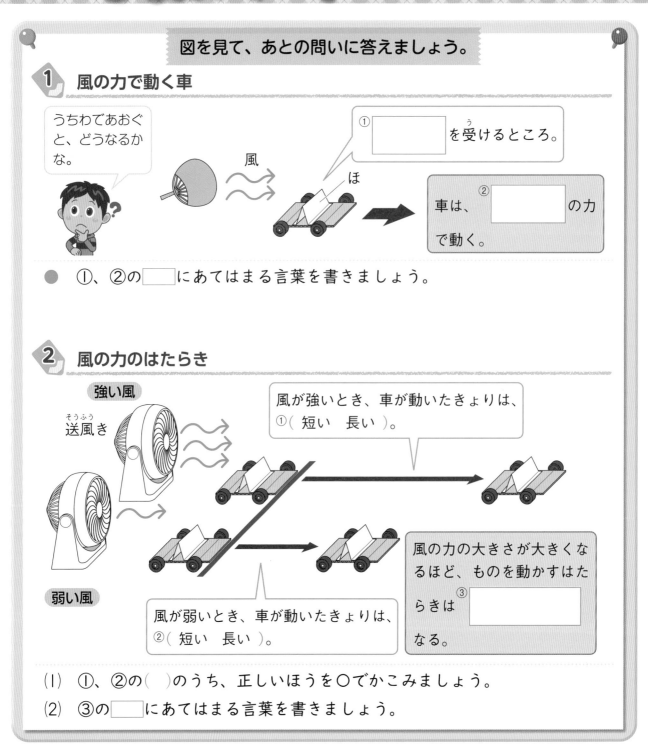

強い風

送風き

風が強いとき、車が動いたきょりは、①（ 短い　長い ）。

弱い風

風が弱いとき、車が動いたきょりは、②（ 短い　長い ）。

風の力の大きさが大きくなるほど、ものを動かすはたらきは③［　　　　　］なる。

(1)　①、②の（ ）のうち、正しいほうを○でかこみましょう。

(2)　③の □ にあてはまる言葉を書きましょう。

まとめ 〔 大きく　力　動かす 〕からえらんで（ ）に書きましょう。

●風の①（　　　　　　）には、ものを②（　　　　　　）はたらきがある。風の力の大きさが大きくなるほど、風の力がものを動かすはたらきは③（　　　　　　）なる。

わたしたちの身の回りには、風の力をり用したものがいろいろあります。風力発電きは、風の力で風車を回して、発電きを動かすことで、電気をつくっています。

練習のワーク

教科書 65〜71ページ　答え 7ページ

できた数

／9問中

おわったら
シールを
はろう

勉強した日　　月　　日

1 次の図のような風で動く車に風を当てて、車の進むようすを調べました。次の問いに答えましょう。

(1) 右の図で、うちわで車に風を当てると、➡の方へ車が進みました。車は㋐〜㋒のどの部分に風を受けて進みますか。（　　　）

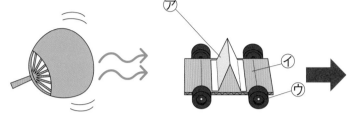

(2) 次に、送風きで強い風（スイッチ「強」）と弱い風（スイッチ「弱」）を当てたときの車の進むきょりをそれぞれ3回ずつ調べて、けっかをグラフにまとめました。

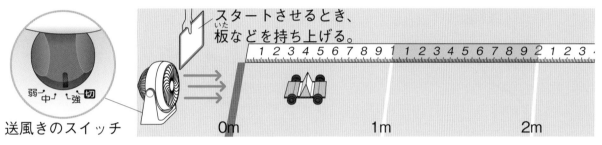

スタートさせるとき、板などを持ち上げる。

送風きのスイッチ

0m　　　　　1m　　　　　2m

 ① うちわではなく、送風きを使うとどのような点でつごうがよいですか。

（　　　　　　　　　　　　　　　　　　　　　　　）

② 右の図で、㋐、㋑はそれぞれ強い風、弱い風のどちらのけっかですか。

㋐（　　　　　）　㋑（　　　　　）

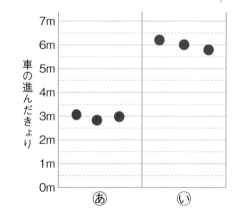

③ じっけんのけっか、強い風と弱い風のときでは、それぞれ何mくらい車は進みましたか。下の〔　〕から一番近い数字をえらびましょう。

強い風（　　　　）　弱い風（　　　　）

〔　2m　3m　4m　5m　6m　〕

④ 送風きのスイッチを「中」にしたとき、車の進むきょりはどのようになると考えられますか。次のア〜ウからえらびましょう。　　　　　（　　　）

ア　2mくらい　　イ　3mと6mの間　　ウ　7mくらい

(3) (1)、(2)からわかることをまとめた次の文の（　）にあてはまる言葉を書きましょう。

風で動く車に風を当てると、車が動くことから、①（　　　　　　　）の力には、ものを動かすはたらきがあることがわかる。風の力の大きさが②（　　　　　　　）ほど、ものを動かすはたらきは大きくなる。

記述

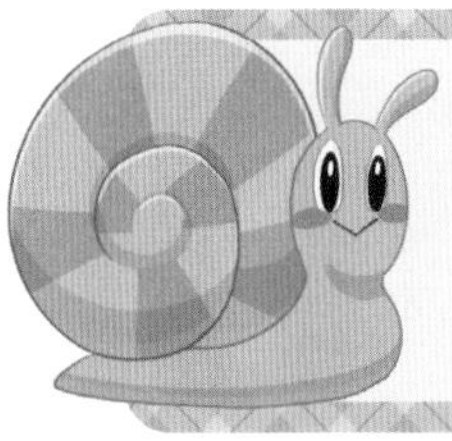

まとめのテスト

4　ゴムと風の力のはたらき

勉強した日　　月　　日

とく点　　/100点

おわったら シールを はろう

時間 20分

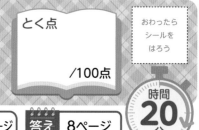

教科書 56~71、192~194ページ　答え 8ページ

よく出る **1** **ゴムと風の力のり用**　次の①～⑥で、ゴムの力をり用しているものには○を、風の力をり用しているものには△を□につけましょう。　1つ6〔36点〕

① □
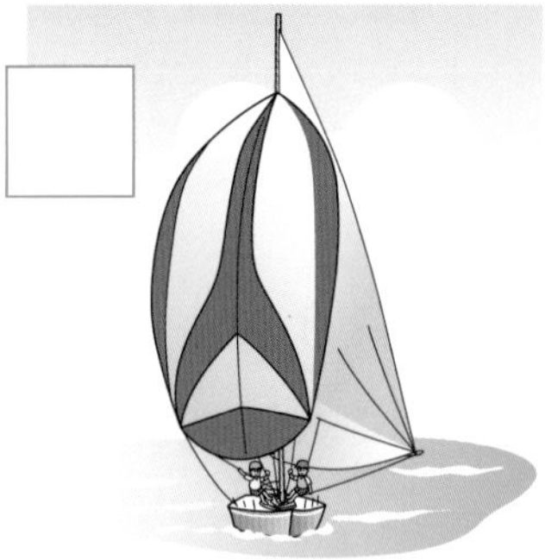

② □
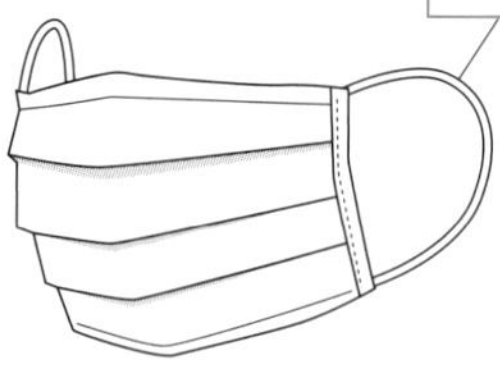

③ □
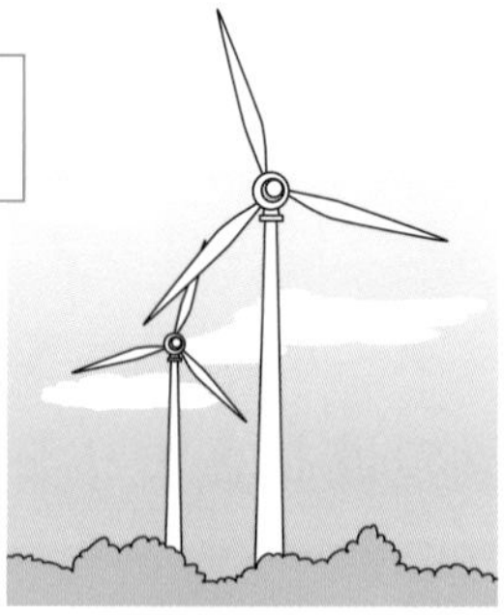

④ □
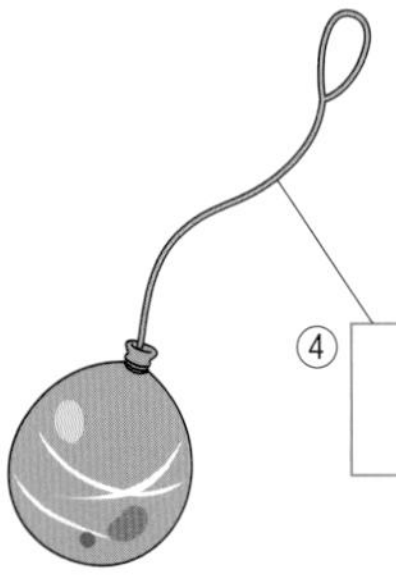

⑤ □
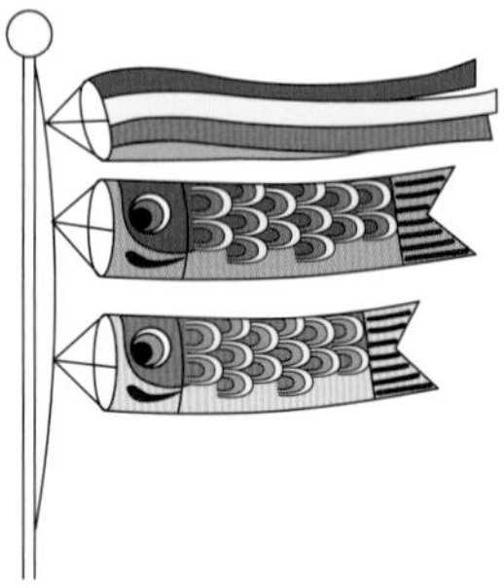

⑥ □
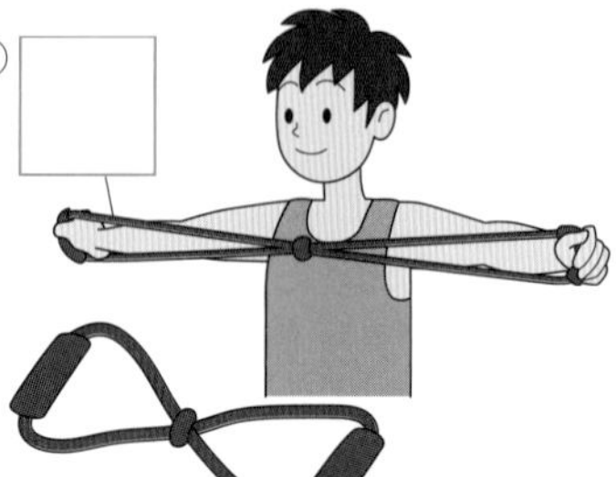

よく出る **2** **ゴムの力のはたらき**　ゴムの力で動く車を作り、図のようにわゴムをいろいろな長さにのばして、車が進むきょりを調べました。表は、そのけっかを表したものです。あとの問いに答えましょう。　1つ7〔28点〕

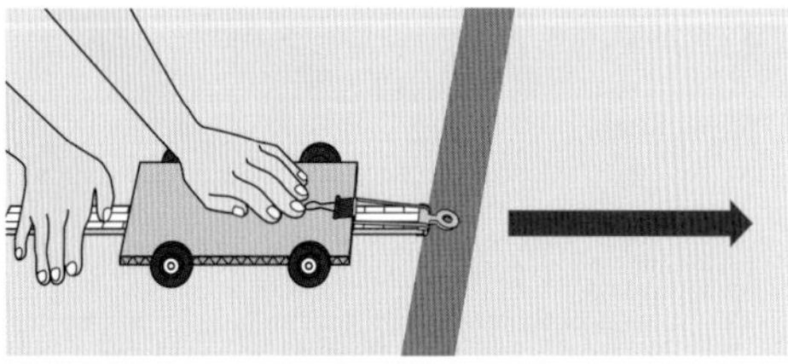

わゴムをのばす長さ	車が進んだきょり
㋐	6m20cm
㋑	11m10cm
㋒	2m50cm

(1)　わゴムを長くのばすほど、手ごたえはどうなりますか。（　　　　　）

(2)　(1)のようになるのは、ゴムの何の力の大きさが大きくなるからですか。次のア、イから正しいほうをえらびましょう。（　　）

ア　さらにのびようとする力　　イ　元にもどろうとする力

(3)　次の文は、じっけんについてまとめたものです。①の（　）にあてはまる言葉を書きましょう。また、②の（　）は㋐～㋒を、正しいじゅんにならべましょう。

わゴムをのばすほど、ゴムがものを動かすはたらきは①（　　　　　）なるので、わゴムをのばす長さは、②（　　　→　　　→　　　）のじゅんに長くなっていると考えられる。

3 [ゴムと風の力で動く車] 次の図のように、風の力で動く車とゴムの力で動く車を、ねらったところに止めるゲームをしました。あとの問いに答えましょう。 1つ6〔18点〕

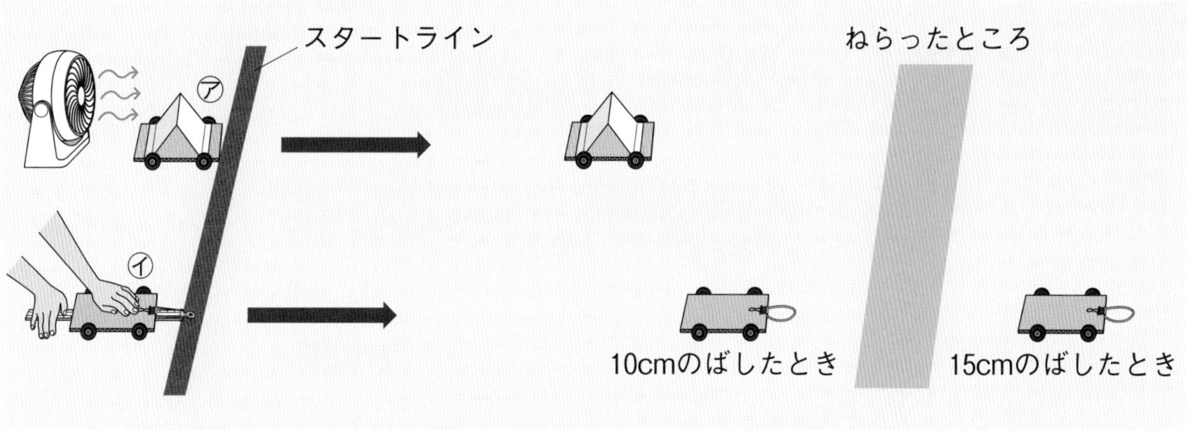

(1) 図の㋐について、次の文の(　)にあてはまる言葉を書きましょう。

風の力の大きさを大きくすると、ものを動かすはたらきは①(　　　　)なる。㋐のとき、ねらったところに車を止めるには、風の強さを②(　　　　)すればよい。

[記述] (2) 図の㋑で、ねらったところに止めるには、わゴムをのばす長さをどうすればよいですか。

(　　　　　　　　　　　　　　　　　　　　)

[チャレンジ!] 4 [ゴムと風で動く車] 次の図のような、ゴムと風で動く車を作りました。あとの問いに答えましょう。 1つ6〔18点〕

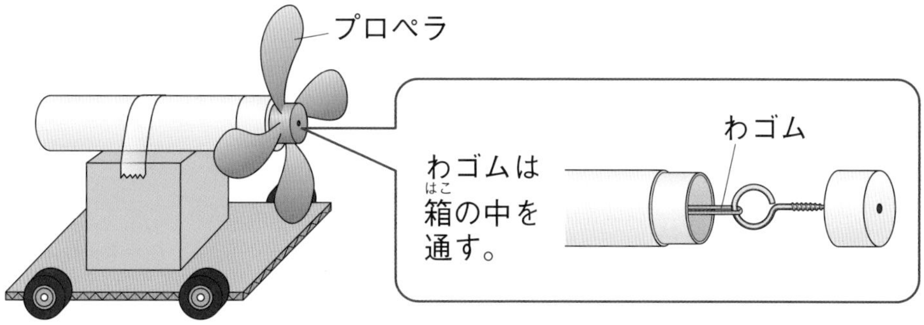

(1) 次の文は、車が走り出すしくみをせつめいしたものです。(　)にあてはまる言葉を書きましょう。

プロペラを回してわゴムをねじった後、手をはなすと、ねじったわゴムの①(　　　　　　)力がはたらいてプロペラが回り、プロペラが回ることで②(　　　　)が起(お)こる。車は、ゴムと風の両方(りょうほう)の力を使って走り出す。

[記述] (2) より遠くまで車を走らせるにはどうすればよいですか。

(　　　　　　　　　　　　　　　　　　　　)

1 音の出方

きほんのワーク

もくひょう
音が出ているときのもののようすについて調べよう。

おわったら
シールを
はろう

教科書 72〜78、193ページ 答え 8ページ

図を見て、あとの問いに答えましょう。

1 音が出ているときのもののようす

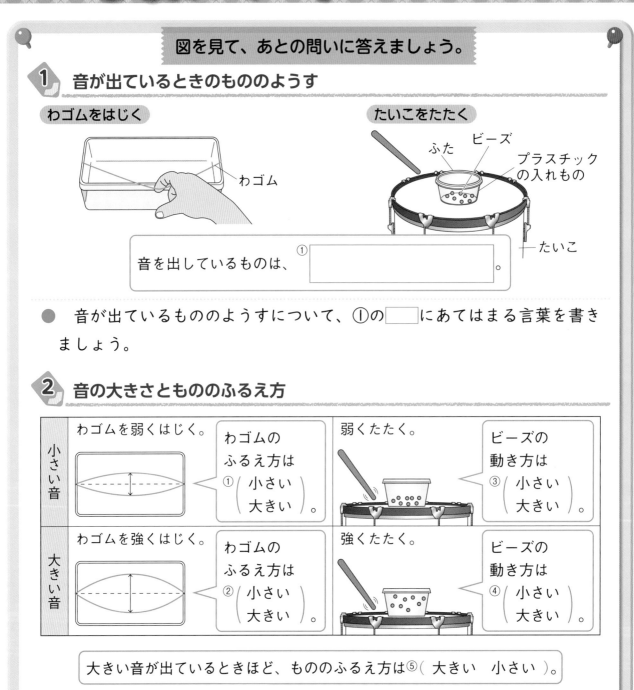

わゴムをはじく

わゴム

たいこをたたく

ふた　ビーズ

プラスチック
の入れもの

たいこ

音を出しているものは、① [　　　　　　　　　　] 。

● 音が出ているもののようすについて、①の [　　] にあてはまる言葉を書きましょう。

2 音の大きさともののふるえ方

小さい音	わゴムを弱くはじく。	わゴムの ふるえ方は ①(小さい 大きい)。	弱くたたく。	ビーズの 動き方は ③(小さい 大きい)。
大きい音	わゴムを強くはじく。	わゴムの ふるえ方は ②(小さい 大きい)。	強くたたく。	ビーズの 動き方は ④(小さい 大きい)。

大きい音が出ているときほど、もののふるえ方は⑤(大きい 小さい)。

● ①〜⑤の( )のうち、正しいほうを ◯ でかこみましょう。

まとめ 〔 かわる ふるえて 〕からえらんで( )に書きましょう。

● 音が出ているとき、ものは①(　　　　　　　)いて、手でおさえると音が聞こえなくなる。

● 音の大きさがかわると、音を出しているもののふるえ方が②(　　　　　　　)。

わくわくたんてい団　ものどうしをこすり合わせても音は出ます。スズムシのおすは、左右のはねをこすり合わせて音を出します。「リーン」と音を出すとき、すばやくはねをこすり合わせています。

練習のワーク

教科書 72〜78、193ページ　答え 8ページ

できた数　　　　/6問中

おわったら
シールを
はろう

1 　右の図のように、たいこをたたいて、すぐに
たいこに手でさわってみました。次の問いに答え
ましょう。

たいこをたたく。

(1) 　たいこは、どのようになっていましたか。

（　　　　　　　　　　　　）

(2) 　たいこをたたいて、すぐにたいこを手でおさ
えてふるえをとめました。このとき、たいこの
音はどうなりますか。正しいものに○をつけま
しょう。

① (　　　) ふるえがなくなると、音は聞こえなくなる。

② (　　　) ふるえがなくなると、音が小さくなる。

③ (　　　) ふるえがなくなっても、同じように音が聞こえる。

2 　右の図のように、プラスチックの
入れものにわゴムをはって、わゴムを
強くはじいたり、弱くはじいたりして、
音の大きさやわゴムのふるえ方につい
て調べました。次の㋐、㋑は、そのと
きのけっかを表しています。あとの問
いに答えましょう。

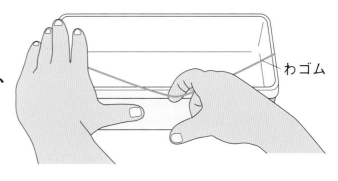

わゴム

㋐

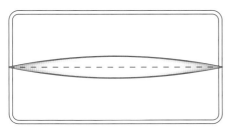

㋑

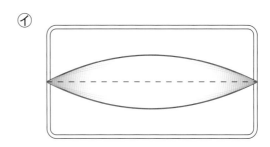

(1) 　わゴムを強くはじいたときのけっかは、㋐、㋑のどちらですか。（　　　　　）

(2) 　じっけんのけっかから、どのようなことがわかりますか。次の文のうち、正し
いものには○、まちがっているものには×をつけましょう。

① (　　　) 音の大きさがかわると、もののふるえ方がかわる。

② (　　　) 音が大きいほど、もののふるえ方は小さい。

③ (　　　) 音が大きいほど、もののふるえ方は大きい。

勉強した日　月　日

2　音のつたわり方

もくひょう　音が聞こえるときの音がつたわっていくようすを調べよう。

おわったらシールをはろう

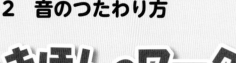きほんのワーク

教科書 79〜85ページ　答え 8ページ

図を見て、あとの問いに答えましょう。

1　糸電話

声が聞こえるようにするには、糸電話の糸が
①（ たるむ　たるまない ）ようにする。

声が聞こえるのは、音が
②　つたわる
　　つたわらない
からである。

● ①、②の（ ）のうち、正しいほうを◯でかこみましょう。

2　もののふるえ方と音

声を出すとき

スパンコールは①（ 動く　動かない ）。

糸は②（ ふるえる　ふるえない ）。

声を出さないとき

スパンコールは③（ 動く　動かない ）。

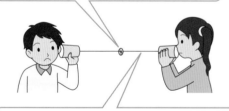

糸は④（ ふるえる　ふるえない ）。

ものがふるえることで、音は⑤（ つたわる　つたわらない ）。

(1)　声を出すときと出さないときで、スパンコールや糸のようすはどのようになりますか。①〜④の（ ）のうち、正しいほうを◯でかこみましょう。

(2)　⑤の（ ）のうち、正しいほうを◯でかこみましょう。

まとめ　〔 音　ふるえる 〕からえらんで（ ）に書きましょう。

● ①（　　　）がつたわるとき、ものはふるえている。

● ものが②（　　　）ことによって、音がつたわる。

はってん　＜糸電話を使わなくても音が聞こえるのは？＞わたしたちのまわりには空気があります。日ごろの生活の中で音が聞こえるのは、空気が、もののふるえを耳までつたえるからです。

練習のワーク

できた数

／9問中

おわったら
シールを
はろう

1 右の図のように、糸電話を作り、声がつたわるときのようすを調べました。次の問いに答えましょう。

(1) 声を出しているとき、糸電話の糸にそっとさわると、糸はふるえていますか、ふるえていませんか。　（　　　　　　　　　）

(2) 声を出していないとき、糸電話の糸にそっとさわると、糸はふるえていますか、ふるえていませんか。　（　　　　　　　　　）

(3) 声を出しているとき、強く糸をつまみました。聞こえていた声はどうなりますか。　（　　　　　　　　　）

(4) (1)〜(3)からどのようなことがわかりますか。次の文の（　）にあてはまる言葉を書きましょう。

糸電話では、紙コップと紙コップの間につないだ①（　　　　　　　）が
②（　　　　　　　）ことで声がつたわっている。

2 次の図のように糸電話をつないで、4人で話をしました。あとの問いに答えましょう。

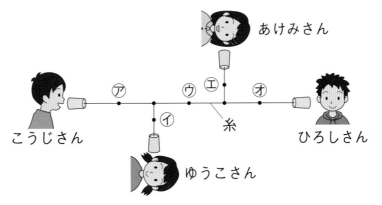

(1) 糸電話で声を出しているとき、声がよくつたわるのはどのようなときですか。次のア、イから正しいほうをえらびましょう。　（　　　）
　ア　糸をピンとはったとき。　　イ　糸をたるませたとき。

(2) こうじさんの声がゆうこさんだけに聞こえるようにするには、糸のどこを指でつまむとよいですか。㋐〜㋕からえらびましょう。　（　　　）

(3) こうじさんの声がひろしさんだけに聞こえるようにするには、糸のどの部分を指でつまむとよいですか。㋐〜㋕から2つえらびましょう。　（　　　）（　　　）

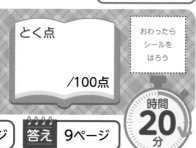

勉強した日　月　日

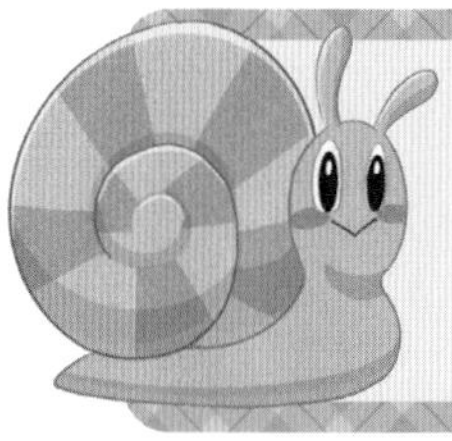

まとめのテスト

5　音のふしぎ

とく点　/100点

おわったらシールをはろう

時間 20分

教科書 72～85、193ページ　答え 9ページ

1 音の大きさとものの ふるえ方　次の図のようにして、音の大きさをかえたときの、もののふるえ方のちがいを調べました。あとの問いに答えましょう。

1つ5〔25点〕

[あ]

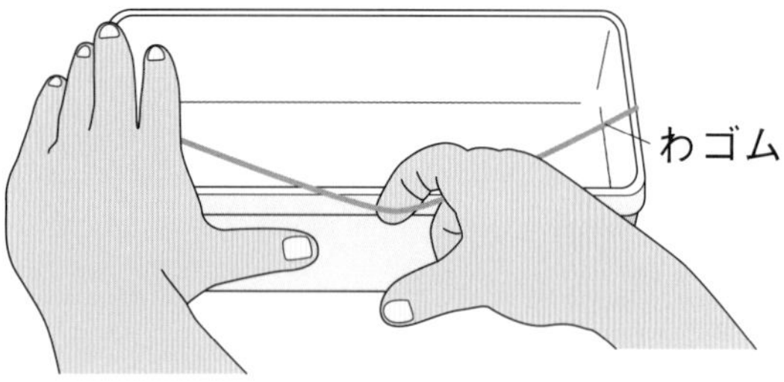

わゴム

[い]

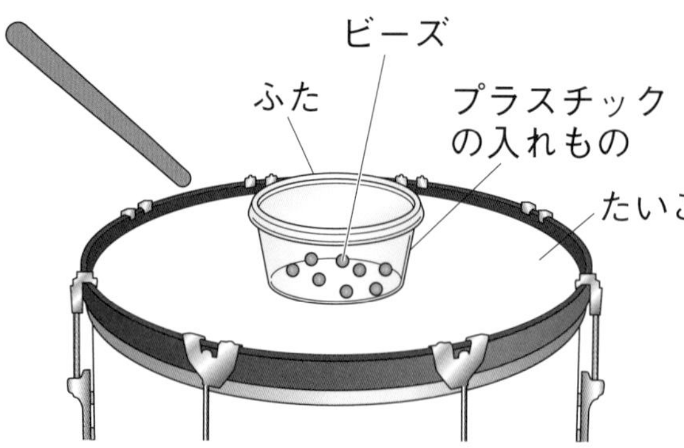

ビーズ
ふた
プラスチックの入れもの
たいこ

(1)　上の図の[あ]のように、わゴムを強くはじいたり、弱くはじいたりしました。大きい音が出るのは、どちらのときですか。次のア、イからえらびましょう。（　　）

ア　強くはじいたとき

イ　弱くはじいたとき

(2)　上の図の[あ]で、強くはじいたときのわゴムのふるえ方を、次の㋐、㋑からえらびましょう。（　　）

㋐

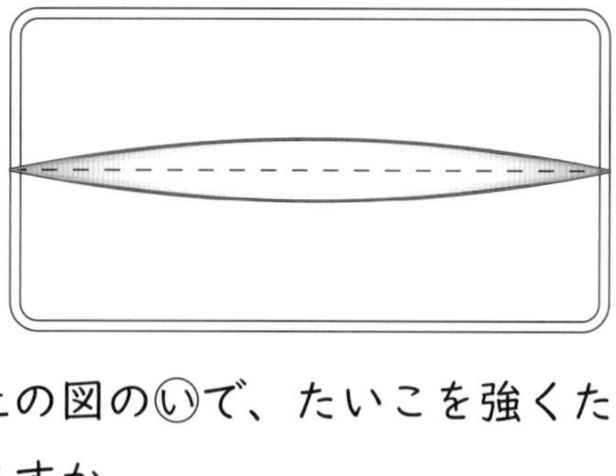

㋑

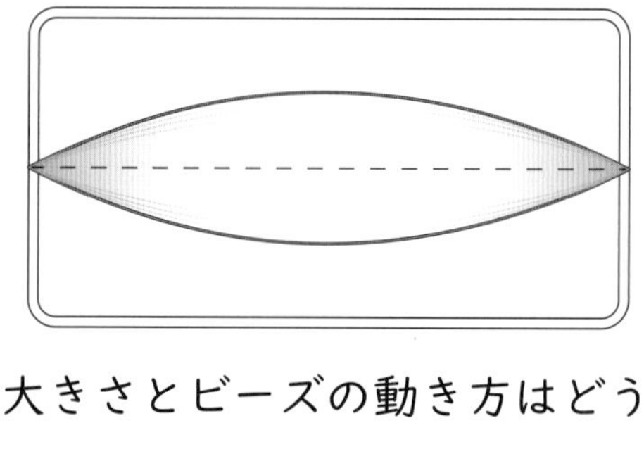

記述　(3)　上の図の[い]で、たいこを強くたたくと、音の大きさとビーズの動き方はどうなりますか。

（　　　　　　　　　　）

(4)　このじっけんのけっかから、大きい音が出ているとき、音を出しているもののふるえ方は大きいですか、小さいですか。（　　　）

(5)　音を出しているものを手でおさえてふるえを止めると、音は聞こえますか、聞こえませんか。（　　　）

2 音のつたわり方 右の図のようにして、スプーンを
ぼうでたたいたときの音のつたわり方を調べました。次
の問いに答えましょう。

1つ5〔40点〕

記述 (1) このじっけんをするときに耳をいためないようにす
るため、どのようなことに気をつけますか。

( )

(2) スプーンをぼうでたたくと、紙コップから音が聞こ
えました。このとき、スプーンと糸は、それぞれふる
えていますか、ふるえていませんか。

スプーン( )　糸( )

(3) (2)の音が聞こえなくなるようにするには、どのようにすればよいですか。次の
ア〜ウから、2つえらびましょう。　　　　　　　　( )( )

ア　糸を強くつまむ。　　イ　スプーンを弱くたたく。　　ウ　スプーンをにぎる。

(4) 次の文の( )にあてはまる言葉を、下の〔 〕からえらんで書きましょう。

音を出している①( )のふるえが②( )に
つたわり、さらに、そのふるえが③( )につたわって音が
聞こえる。

〔　紙コップ　　スプーン　　糸　〕

チャレンジ **3** 糸電話 次の図のように、糸電話で話をしました。あとの問いに答えましょう。

1つ5〔35点〕

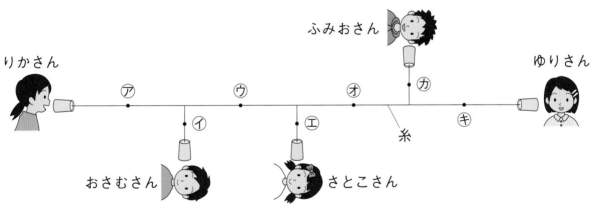

(1) りかさんの声がさとこさんだけに聞こえるようにするには、糸のどこを指でつ
まむとよいですか。㋐〜㋖から2つえらびましょう。　　　　( )( )

(2) りかさんの声がゆりさんだけに聞こえるようにするには、糸のどこを指でつま
むとよいですか。㋐〜㋖から3つえらびましょう。( )( )( )

(3) 次に、さとこさんが声を出すことにしました。おさむさんとふみおさんだけに
声が聞こえるようにするには、糸のどこをつまむとよいですか。㋐〜㋖から2つ
えらびましょう。

( )( )

花

きほんのワーク

教科書 86〜89、196ページ 答え 9ページ

図を見て、あとの問いに答えましょう。

1 ヒマワリの育ち方

高さは①(高く ひくく)なった。

②(白 黄色)い大きな花がさいた。

葉は③(大きく 小さく)なった。

葉の数は④(ふえた へった)。

● 夏になり、前にかんさつしたときとくらべてどのように育ったか調べました。①〜④の( )のうち、正しいほうを◯でかこみましょう。

2 ホウセンカの育ち方

高さは①□□□□くらい。

②□□□□

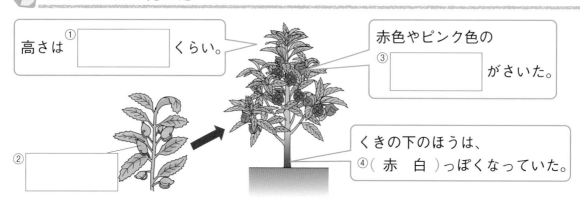

赤色やピンク色の③□□□□がさいた。

くきの下のほうは、④(赤 白)っぽくなっていた。

(1) 花がさくころのホウセンカの高さはどのくらいですか。次の〔 〕からえらんで、①の□に書きましょう。 〔 10cm 50cm 1m 〕

(2) ②、③の□にあてはまる言葉を書きましょう。

(3) ホウセンカのくきのようすを調べました。④の( )のうち、正しいほうを◯でかこみましょう。

まとめ 〔 花 高く 〕からえらんで( )に書きましょう。

●大きく育ったヒマワリやホウセンカの高さは①( )なり、葉は大きくなって数もふえている。やがてヒマワリもホウセンカも②( )をさかせる。

  植物のしゅるいによって、花がさく場所はちがいます。ヒマワリやチューリップなどは、くきの先に花がさき、ホウセンカやダイズなどは、くきのと中に花がさきます。

練習のワーク

できた数

/7問中

おわったら
シールを
はろう

1 次のかんさつカードについて、あとの問いに答えましょう。

ヒマワリ　　　　　7月15日（晴れ）
育ち方

・大きい黄色の花がさいていた。
・前にかんさつしたときよりも、
　葉がふえて、大きくなっていた。
・高さは　あ　　くらいだった。
　　　　　　名前　文田　りか

ホウセンカ　　　　7月15日（晴れ）
育ち方

50cm
くらい

・赤い花がたくさんさいていた。
・前よりも葉がふえて、くきがさら
　にえだ分かれしていた。
・高さは、50cmくらいになった。
　　　　　　名前　田中　文太

(1) 高さは、紙テープを使ってはかりました。植物の高
　さをはかるときに注意することとして、正しいものを
　ア、イからえらびましょう。　　　　　　（　　　）
　ア　どこからどこまではかるか、いつもかえる。
　イ　地面から一番上の葉のつけ根までなど、決めたと
　　ころを、いつも同じようにはかる。

(2) 右の図は、ヒマワリの高さをはかった紙テープを、
　用紙におさまるように、切ってはりつけたものです。
　かんさつカードのヒマワリの高さあを答えましょう。
　　　　　　　　　　　　　　　　（　　　　　　　）

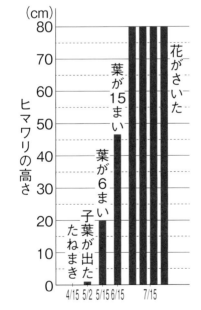

(3) 次の文のうち、ヒマワリについてのものには○を、
　ホウセンカについてのものには△をつけましょう。
　①（　　）ピンク色、白色など、いろいろな色の花が、たくさんさいた。
　②（　　）黄色くて大きな花が、くきの先に1つだけさいた。
　③（　　）くきの太さは、一番太いところで5cmくらいだった。
　④（　　）くきの下のほうが、赤っぽくなっていた。
　⑤（　　）一番大きな葉は、手のひらの5倍くらいの大きさだった。

43

勉強した日　月　日

動物のすみか

もくひょう

動物がいる場所について調べよう。

おわったらシールをはろう

きほんのワーク

教科書 92～99、198ページ　答え 9ページ

図を見て、あとの問いに答えましょう。

1 動物のすみか

①［　　　］　②［　　　］　③［　　　］

④［　　　］にとまっていた。花の⑦［　　　］をすっていた。

石や⑤［　　　］の下でじっとしていた。さわると丸まった。

⑥［　　　］の葉の上でじっとしていた。えさの虫を待って（ま）いるようだった。

動物は、食べものの⑧（ある　ない）ところや、かくれることが⑨（できる　できない）ようなところにいることが多い。

(1) 上の写真の動物の名前を、次の〔　〕からえらんで、①～③の［　］に書きましょう。
〔 カマキリ　ダンゴムシ　キアゲハ 〕

(2) ①～③の動物がいた場所を、次の〔　〕からえらんで、④～⑥の［　］に書きましょう。
〔 落ち葉（お　ば）　草むら　花 〕

(3) ⑦の［　］にあてはまる言葉を書きましょう。

(4) ⑧、⑨の（　）のうち、正しいほうを◯でかこみましょう。

まとめ 〔 かくれる　食べもの 〕からえらんで（　）に書きましょう。

●動物は、①（　　　　）のあるところや②（　　　　）ことができるところにいることが多く、まわりのしぜんとかかわり合って生きている。

わくわくたんてい団　アリとアブラムシは、近くで見つけることができます。アリは、アブラムシの体から出るものを食べ、テントウムシに食べられないようにアブラムシを守（まも）っています。

練習のワーク

でき た 数

/12問中

おわったら
シールを
はろう

教科書 92〜99、198ページ　答え 10ページ

❶　次の図は、たかしさんがこん虫などの動物を見つけた場所のようすです。あと
の問いに答えましょう。

①□　花の
まわり

②□　③□

草むら

④□　⑤□

木のみき

たかしさん

⑥□　落ち葉の下

(1)　図の①〜⑥の場所で見られた動物を、次のア〜カからえらんで、図の□に書き
ましょう。

ア　アゲハ　　イ　ダンゴムシ　　ウ　カマキリ

エ　バッタ　　オ　カブトムシ　　カ　クワガタ

(2)　こん虫などの動物が多くいるのは、どのような場所ですか。次の文のうち、正
しいものには〇、まちがっているものには×をつけましょう。

①（　　　）食べもののある場所

②（　　　）気温がかわりやすい場所

③（　　　）かくれることができる場所

❷　右の図は、春にキャベツ畑で見つけたモンシロチョ
ウのせい虫です。キャベツの葉にとまって何をしてい
たと考えられますか。次の文のうち、正しいものには〇、
まちがっているものには×をつけましょう。

①（　　　）キャベツの葉を食べていた。

②（　　　）キャベツの葉にいる小さな虫を食べていた。

③（　　　）キャベツの葉に、たまごをうみつけていた。

植物の育ち方④

花がさいた後

きほんのワーク

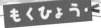

勉強した日 ▶　　月　　日

もくひょう

ヒマワリとホウセンカの育ち方を調べよう。

おわったらシールをはろう

教科書 100〜109、196ページ　答え 10ページ

図を見て、あとの問いに答えましょう。

1 ヒマワリの花がさいた後

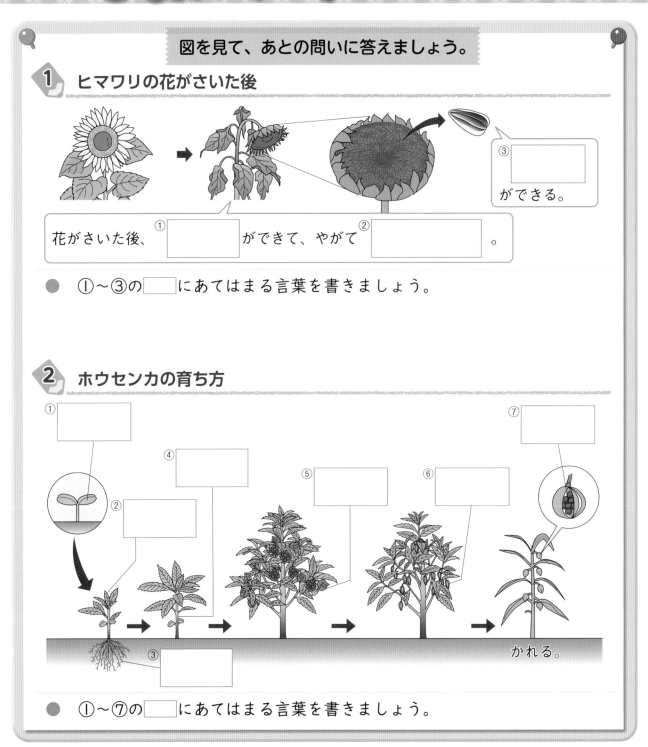

③ □ ができる。

花がさいた後、① □ ができて、やがて② □ 。

● ①〜③の □ にあてはまる言葉を書きましょう。

2 ホウセンカの育ち方

① □
④ □
⑦ □
② □
⑤ □
⑥ □
③ □
かれる。

● ①〜⑦の □ にあてはまる言葉を書きましょう。

まとめ 〔 実　かれる　子葉 〕からえらんで（　）に書きましょう。

● 植物は、たねから①（　　　　　　　）が出た後、葉がふえて、くきも根ものびていく。

● 花がさいた後に②（　　　　　　　）ができて、しばらくすると③（　　　　　　　）。

---

46 わくわくたんてい団

1つの花からできるたねの数はいろいろで、ホウセンカは10〜20こです。ヒマワリは、たくさんの小さな花が集まって1つの花になっていて、全体で1000こぐらいできます。

練習のワーク

勉強した日　月　日

できた数
/12問中

おわったら
シールを
はろう

教科書 100〜109、196ページ　答え 10ページ

1 ヒマワリの育ち方について、あとの問いに答えましょう。

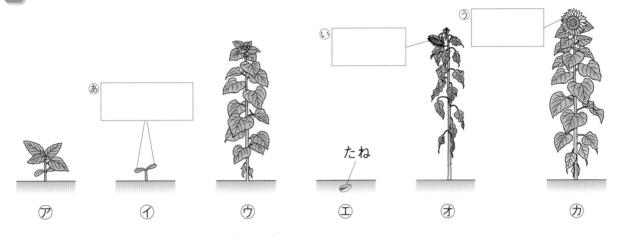

たね

㋐　㋑　㋒　㋓　㋔　㋕

(1) たねから育つじゅんに、㋐〜㋕をならべましょう。

（　　→　　→　　→　　→　　→　　）

(2) ㋐〜㋒の□□□にあてはまる言葉を、〔　　〕からえらんで書きましょう。

〔　実　　子葉　　花　〕

(3) ㋑にできるたねは、はじめにまいたものと、色や形は同じですか、ちがいますか。　　　（　　　　　　　　　　　）

(4) ㋔のとき、土の中の根はどうなっていますか。　（　　　　　　　　　　　）

2 右のかんさつカードについて、次の問いに答えましょう。

(1) かんさつカードに、そのほかに書かれていることとして、正しいものには○、まちがっているものには×をつけましょう。

①（　　　）たくさんの花がさいていた。

②（　　　）黄緑色の実がたくさんできていた。

③（　　　）7月のころよりも、緑色の葉の数がふえていた。

④（　　　）7月のころよりも、少し高くなっていた。

(2) この後、ホウセンカはどうなりますか。

（　　　　　　　　　　　）

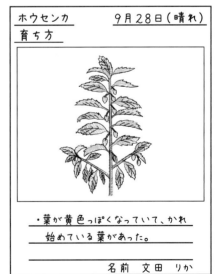

ホウセンカ　　　9月28日（晴れ）
育ち方

・葉が黄色っぽくなっていて、かれ
始めている葉があった。

名前　文田　りか

(3) この後、(2)のようになるまで、ホウセンカの高さはどうなりますか。次のア、イからえらびましょう。

（　　　）

ア　高くなる。　　イ　あまりかわらない。

まとめのテスト

植物の育ち方④

とく点

/100点

おわったら
シールを
はろう

教科書 100〜109、196ページ　　答え 10ページ

時間 **20**分

1 植物の育ち方 次の図は、4つの植物の一生のようすをばらばらにならべたものです。あとの問いに答えましょう。

1つ4〔36点〕

①   ・　・ ㋐  ・　・ ㋔  ・　・ ㋘

② ・　・ ㋑ ・　・ ㋕ 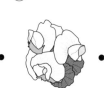 ・　・ ㋙

③ ・　・ ㋒ ・　・ ㋖ ・　・ ㋚

④ ・　・ ㋓  ・　・ ㋗  ・　・ ㋛

(1) 図の①〜④は、何という植物のたねですか。下の〔　〕からえらんで書きましょう。

①（　　　　　　　　）　②（　　　　　　　　）

③（　　　　　　　　）　④（　　　　　　　　）

〔　オクラ　　ヒマワリ　　ホウセンカ　　ダイズ　〕

(2) ①〜④から、同じ植物どうしの・を線でつなぎましょう。

(3) 図の4つの植物は、花がさいて実ができた後、どうなりますか。

（　　　　　　　　　　　　　　　　　　　　　　　）

2 ホウセンカの育ち方 次の図は、ホウセンカの育ち方を表したものです。あとの問いに答えましょう。

1つ4〔44点〕

㋐ ㋑ ㋒ ㋓ ㋔ ㋕

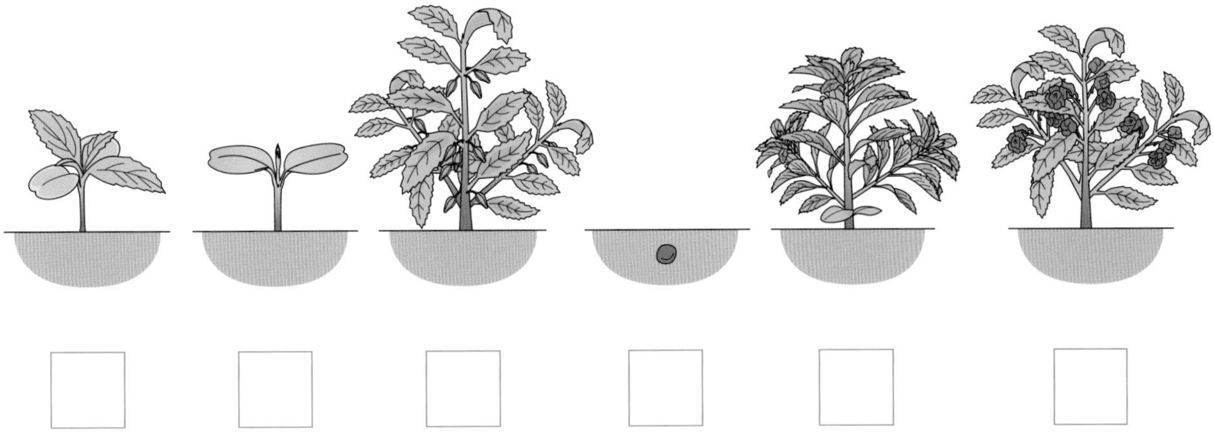

チャレンジ! (1) 上の図の□に、ホウセンカの育つじゅんに1～6の番号(ばんごう)を書きましょう。

(2) 次の文にあてはまるものを、図の㋐～㋕からえらびましょう。

① たねをまいて、1週間くらいで、めが出た。 (　　　)

② 葉の数もふえたが、まだ花はさいていない。 (　　　)

③ 花がさいた後、黄緑色の実ができていた。 (　　　)

(3) 花がさき、実ができた後、葉や実はどのようになりますか。次の文のうち、正しいものに○をつけましょう。

①(　　　)葉や実は茶色くなり、かれていく。

②(　　　)葉も実も緑色のままで、そのまま冬をこす。

③(　　　)葉は緑色のままだが、実だけがかれていく。

(4) ホウセンカは、春にまいたたねが育ち、実ができます。春にまいたホウセンカの1つのたねからできる実の数について、次のうち、正しいほうに○をつけましょう。

①(　　　)1つのたねから1つの実ができる。

②(　　　)1つのたねからたくさんの実ができる。

3 植物の育ち方 植物の育ち方について、正しいものには○、まちがっているものには×をつけましょう。

1つ5〔20点〕

①(　　　)たねをまいてはじめに出てくる子葉は、どの植物も同じ形をしている。

②(　　　)子葉の後に出てくる葉は、子葉とはちがう形をしている。

③(　　　)植物が育つと、葉の数はふえるが、葉の大きさは大きくならない。

④(　　　)植物のしゅるいがちがっても、育つじゅんは同じである。

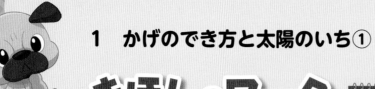

勉強した日　　月　　日

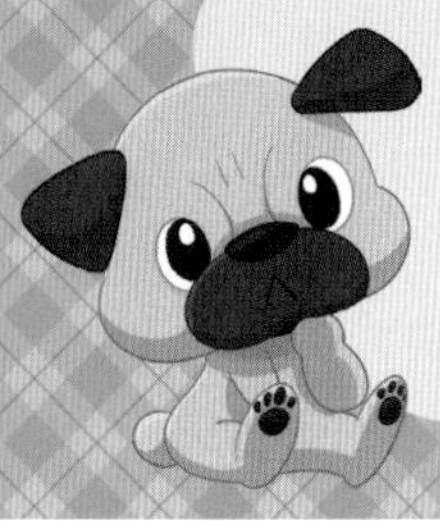

1　かげのでき方と太陽のいち①

もくひょう
かげのでき方と太陽のいちについて調べよう。

おわったらシールをはろう

きほんのワーク

教科書 110～113ページ　答え 11ページ

図を見て、あとの問いに答えましょう。

1　かげの向き(む)と太陽(たいよう)のいち

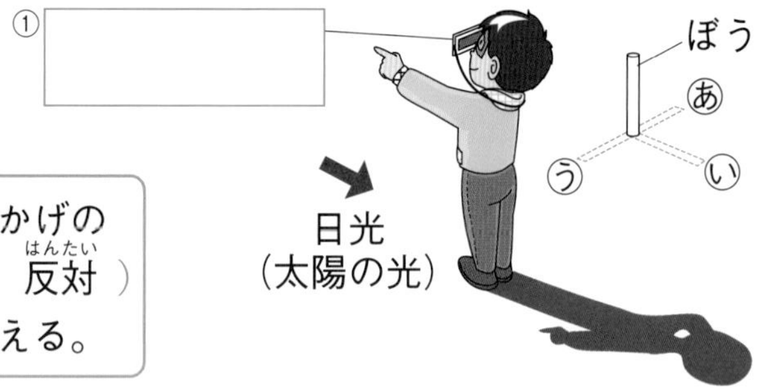

①
ぼう
[あ]
[い]
[う]
日光
（太陽の光）

太陽は、かげの②（ 同じ　反対(はんたい) ）がわに見える。

ものや人が日光をさえぎると、かげができる。

かげはどれも③（ 同じ　ちがう ）向きにできる。

(1)　上の図で、目に当てている道具は何ですか。①の□に名前を書きましょう。また、太陽のいちと、かげのできる向きについて、②、③の（　）のうち、正しいほうを◯でかこみましょう。

(2)　ぼうのかげは[あ]～[う]のどこにできますか。正しい□をぬりましょう。

2　かげのいちと太陽のいちのへんか

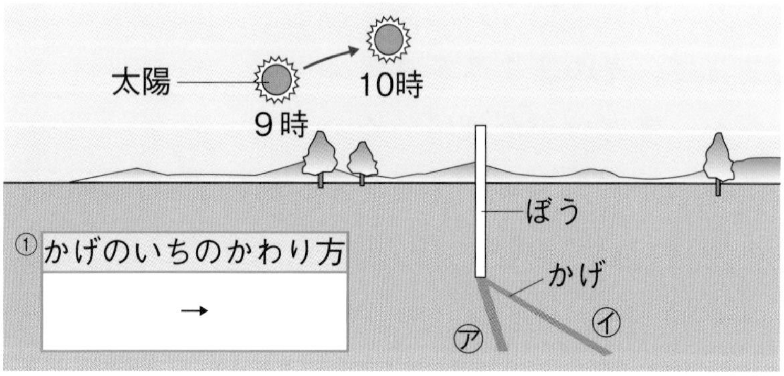

太陽
10時
9時
ぼう
かげ
㋐
㋑
①かげのいちのかわり方
→

かげのいちがかわるのは、②□のいちがかわるため。

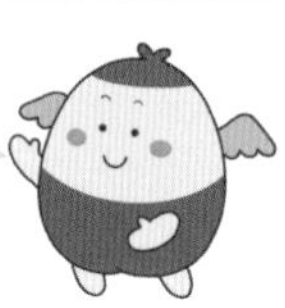

どんなふうにかわるのかな。

(1)　太陽のいちが図のようにかわると、かげのいちはどのようにかわりますか。①の□に㋐、㋑をならべましょう。

(2)　②の□にあてはまる言葉を書きましょう。

まとめ　〔 太陽　反対がわ 〕からえらんで（　）に書きましょう。

- ものや人が日光をさえぎると、太陽の①（　　　　）にかげができます。
- ②（　　　　）のいちがかわると、かげのいちがかわります。

わくわくたんてい団　太陽のいちがかわると、かげのいちがかわります。太陽の高さがかわると、かげの長さがかわります。

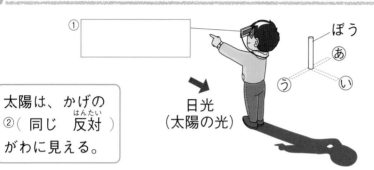

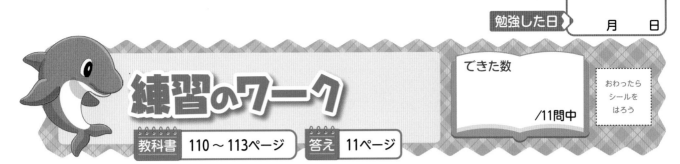

練習のワーク

教科書 110～113ページ　答え 11ページ

できた数　/11問中

おわったら シールを はろう

1 かげの向きを調べました。あとの問いに答えましょう。

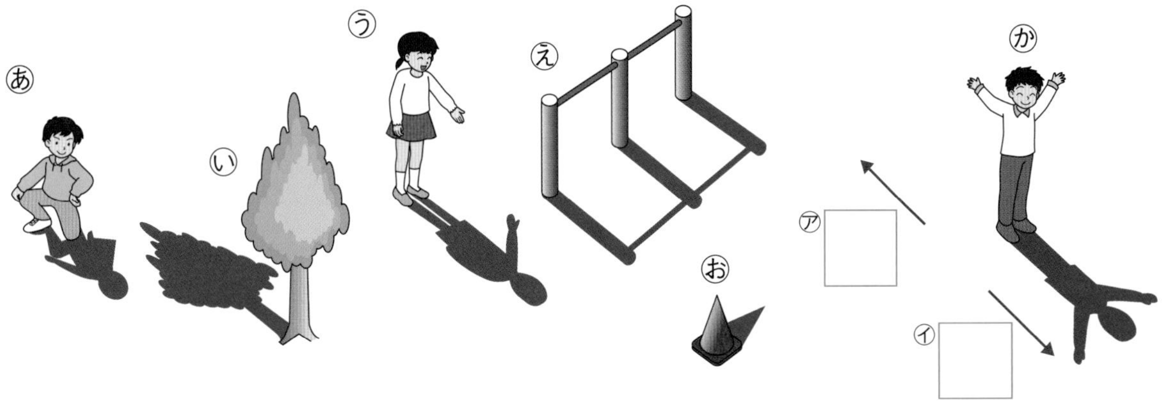

(1) かげは、どんなときにできますか。次の文の(　)にあてはまる言葉を、下の〔　〕からえらんで書きましょう。

日光を①(　　　　)ものがあると、②(　　　　)の③(　　　　)がわにかげができる。

〔 かげ　すきとおる　太陽　さえぎる　同じ　反対 〕

(2) 上の図の[あ]～[か]には、かげのでき方がまちがっているものが2つあります。その2つをさがし、記号(きごう)を書きましょう。　(　　　)(　　　)

(3) 太陽は、図の㋐、㋑のどちらのほうにありますか。正しいほうの□に○をつけましょう。

2 右の図のように、ぼうを立てて、太陽とかげのいちを調べました。次の問いに答えましょう。

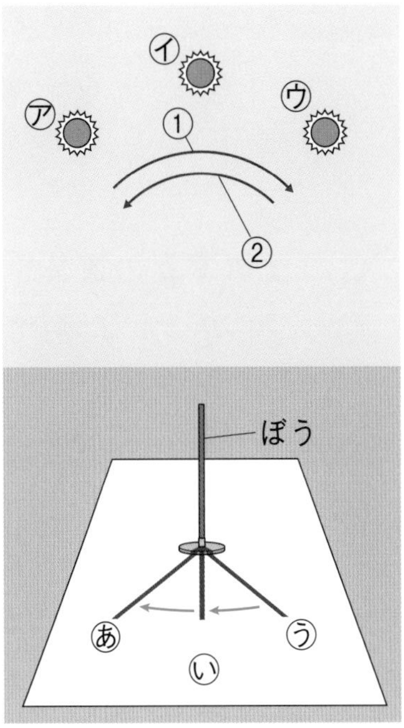

(1) かげのいちが右の図の[う]から[あ]にかわったとき、太陽のいちは①、②のどちらにかわりましたか。　(　　　)

(2) 図の[あ]～[う]は、それぞれ太陽がどのいちにあったときのかげですか。図の㋐～㋒からえらびましょう。

[あ](　　　)　[い](　　　)　[う](　　　)

記述 (3) かげのいちが右の図のようにかわるのは、なぜですか。

(　　　　　　　　　　　　　　　　)

1　かげのでき方と太陽のいち②

きほんのワーク

もくひょう・
太陽のいちが、一日の間でどのようにかわるか調べよう。

おわったらシールをはろう

教科書 114〜118、193、198ページ　答え 11ページ

図を見て、あとの問いに答えましょう。

1　太陽のいちのかわり方

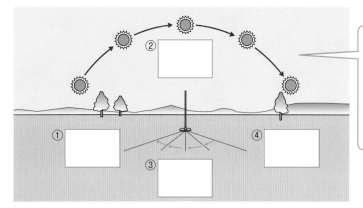

太陽のいちは東のほうから
⑤ ☐ の空を通り、
⑥ ☐ のほうへとかわる。

● ①〜⑥の ☐ にあてはまるほういを、〔　〕からえらんで書きましょう。
〔　東　　西　　南　　北　〕

2　ほういの調べ方

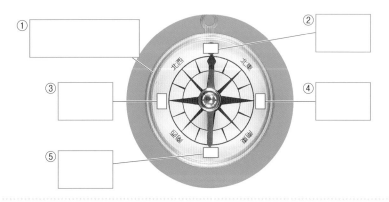

はりが止まったら、ケースを回して、
⑥ ☐ の文字とはりの色のついているほうに合わせる。

(1)　上の写真の道具を何といいますか。①の ☐ に書きましょう。

(2)　②〜⑥の ☐ にあてはまるほういを、〔　〕からえらんで書きましょう。
〔　東　　西　　南　　北　〕

まとめ　〔　南　　北　〕からえらんで（　）に書きましょう。

● 太陽のいちは、東のほうから①（　　　　　　　）の空を通って、西のほうへかわる。

● ほういじしんのはりの色がついている先は、②（　　　　　　　）をさして止まる。

わくわくたんてい団　太陽は東→南→西へ動いているように見えますが、太陽が動いているのではありません。地球が西から東へと回転しているため、太陽が動いているように見えるのです。

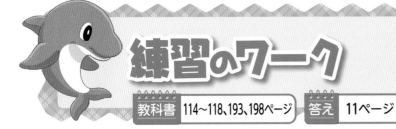

練習のワーク

教科書 114～118、193、198ページ　答え 11ページ

できた数　/8問中

おわったらシールをはろう

SDGs **1** 右の図のようにして、ぼうを立て、ぼうのかげのいちの一日のかわり方を調べます。次の問いに答えましょう。

(1) 右の図のあのいちにかげができたときの太陽のいちはどこですか。図の㋐～㋒の□に○をつけましょう。

(2) 太陽のいちは、一日のうちにどのようにかわりますか。正しいほうに○をつけましょう。

①(　　)東→南→西

②(　　)西→南→東

(3) かげのいちは、一日のうちにどのようにかわりますか。正しいほうに○をつけましょう。

①(　　)東→北→西

②(　　)西→北→東

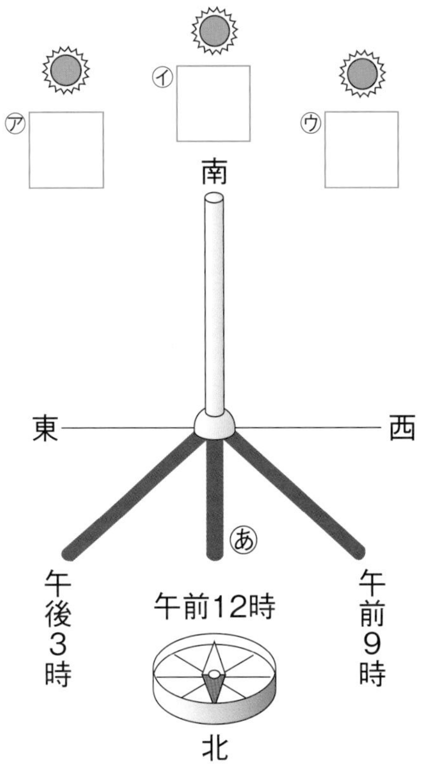
㋐
㋑
㋒
南
東
西
あ
午後3時
午前12時
午前9時
北

(4) 太陽のいちがかわると、かげのいちもかわります。このことをり用して作られた、時(じ)こくを知るための道具を何といいますか。

(　　　)

2 右の図のような道具を使って、ほういを調べました。次の問いに答えましょう。

(1) 右の図のような道具を何といいますか。

(　　　)

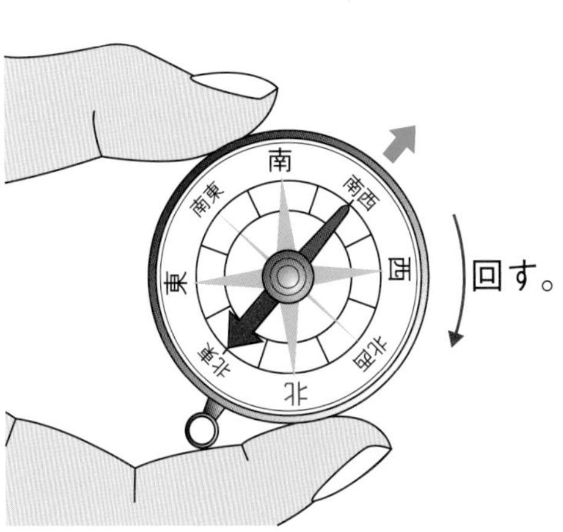
南
南東
南西
東
西
北東
北西
北
回す。

(2) 次の文は、この道具の使い方をまとめたものです。(　)にあてはまる言葉を書きましょう。

①(　　　)の動きが止まったら、ケースを回して、①の色がついている先の向きと文字ばんの②(　　　)の向きを合わせる。

(3) 図のようにはりが止まったとき、➡がさしているほういは何ですか。

(　　　)

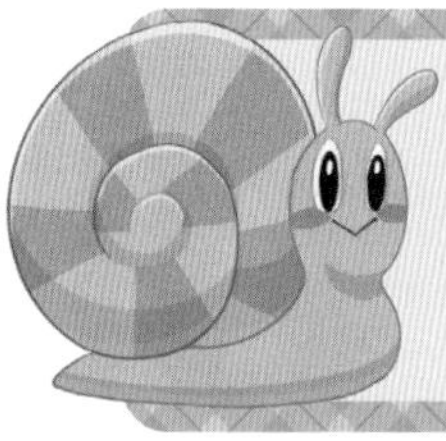

勉強した日 月 日

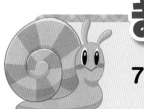

まとめのテスト①

7 地面のようすと太陽

とく点 /100点

おわったら シールを はろう

時間 20分

教科書 110〜118、193、198ページ　答え 11ページ

1 かげのでき方　**かげのでき方について書かれた次の文のうち、正しいものに3つ○をつけましょう。** 1つ5〔15点〕

①(　　　)かげは、太陽の反対がわにできる。

②(　　　)自分のかげと、となりにいた友だちのかげをくらべると、かげの向きがちがっていた。

③(　　　)太陽が南の空に見えたとき、かげは北向きにできていた。

④(　　　)ある日のかげのいちを調べると、一日中同じ向きにできていた。

⑤(　　　)自分のかげが見えるほうを向くと、自分の前の向きに太陽が見える。

⑥(　　　)１時間ごとにかげのいちを調べると、少しずつかげのいちがかわっていた。

⑦(　　　)夕方、太陽が西のひくい空に見えたとき、かげも西向きにできていた。

2 かげのでき方と太陽のいち　**午前10時、午前12時、午後２時のかげのでき方と太陽のいちを調べました。次の問いに答えましょう。** 1つ6〔36点〕

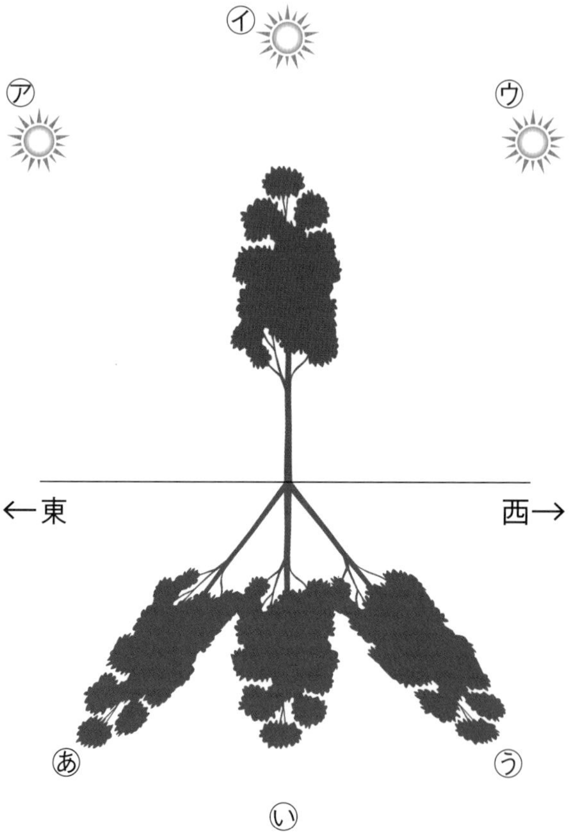

(1) かげのでき方を調べるのは、晴れの日とくもりの日のどちらがよいですか。

(　　　　　　)

(2) 午前１２時のときの木のかげは[い]でした。このときの太陽のいちはどこですか。図の㋐〜㋒からえらびましょう。

(　　　)

(3) [あ]と[う]は、それぞれ何時のかげですか。

[あ](　　　　　)

[う](　　　　　)

(4) 太陽のいちがかわるじゅんに、㋐〜㋒をならべましょう。

(　　　→　　　→　　　)

記述 (5) かげのいちが、一日の間でかわるのはなぜですか。

(　　　　　　　　　　　　　　　　　　　　　　　　)

3 太陽のいちとかげのいち 次の図のように、地面にぼうを立て、太陽のいちと
ぼうのかげを調べました。あとの問いに答えましょう。

1つ5〔25点〕

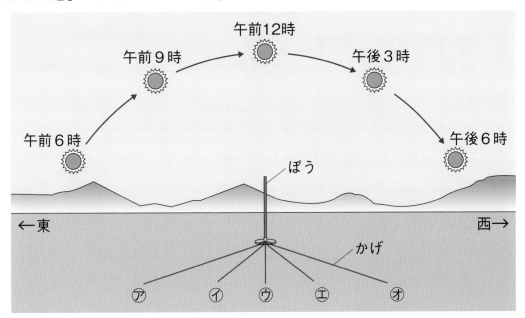

午前12時

午前9時

午前6時

午後3時

午後6時

ぼう

←東　　　　　　　　　　　　　　　　　　　　西→

かげ

㋐　㋑　㋒　㋓　㋔

(1) 上の図で、午前6時のときのかげはどれですか。㋐〜㋔からえらびましょう。
（　　　　　）

(2) ㋑のかげができたときの時こくは何時ですか。図の中の時こくで答えましょう。
（　　　　　）

(3) 午前6時から午後6時まで、太陽のいちはどのようにかわりましたか。また、
かげのいちはどのようにかわりましたか。それぞれ、東、西、南、北という言葉
を使って答えましょう。　　　　　　　太陽（　　　→　　　→　　　）
かげ（　　　→　　　→　　　）

記述 (4) 太陽をかんさつするときに、目をいためるのでやってはいけないことがありま
す。それは、どのようなことですか。
（　　　　　　　　　　　　　　　　　）

4 太陽とかげのかんさつ 右の図の道具について、次の
問いに答えましょう。

1つ6〔24点〕

(1) 右の図の道具を何といいますか。　（　　　　　）

(2) 右の図の道具は、何を調べる道具ですか。
（　　　　　）

(3) はりが右の図のようないちで止まったとき、文字ばん
の「北」は、はりの㋐、㋑のどちらの先に合わせますか。
（　　　　　）

(4) 同じ場所でかんさつしたとき、はりの先のさす向きは、一日のうちにかわりま
すか。
（　　　　　）

㋐
北東　東
北　　南東
西北　南
西　　南
西　南西
㋑

文字
ばん

2　日なたと日かげの地面のようす

きほんのワーク

もくひょう・
日なたと日かげの地面のあたたかさをくらべよう。

おわったらシールをはろう

教科書 119～125、192、199ページ　　答え 12ページ

図を見て、あとの問いに答えましょう。

1　日なたと日かげの地面のちがい

	日なたの地面	日かげの地面
明るさ	①	②
あたたかさ	③	④
しめりぐあい	かわいている。	少ししめっている。

(1)　日なたと日かげの地面の明るさについて、表の①、②にあてはまる言葉を、〔　〕からえらんで書きましょう。　　　〔　明るい　　暗い　〕

(2)　日なたと日かげの地面のあたたかさについて、表の③、④にあてはまる言葉を、〔　〕からえらんで書きましょう。〔　あたたかい　　つめたい　〕

2　地面の温度のちがい

地面の温度のはかり方

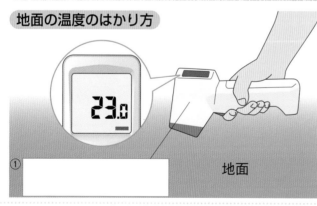

23.0

①[　　　　　]　　　地面

	午前9時	午前12時
日なたの地面	15度	20度
日かげの地面	14度	15度

日なたの地面は、②[　　　]によってあたためられた。

(1)　①の□□に、地面の温度をはかる道具の名前を書きましょう。

(2)　②の□□にあてはまる言葉を書きましょう。

まとめ　〔　日なた　日かげ　日光　〕からえらんで（　）に書きましょう。

●①（　　　　　　）は明るく、あたたかい。②（　　　　　　）は暗く、つめたい。

●日なたの地面は、③（　　　　　　）によってあたためられる。

　わくわくたんてい団　月の地面の温度は、太陽の光が当たっているところはおよそ120度にもなりますが、太陽の光が当たらないところは0度よりもひくい温度（マイナス170度）になります。

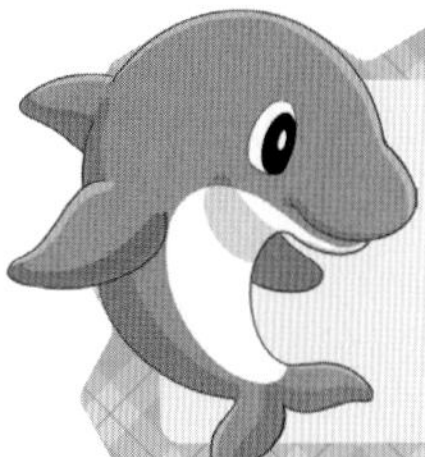

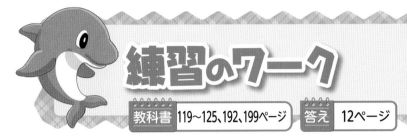

練習のワーク

教科書 119～125、192、199ページ　答え 12ページ

できた数　　/12問中

おわったらシールをはろう

1 次の文のうち、日なたのようすについてせつめいしたものには○、日かげのようすについてせつめいしたものには×をつけましょう。

①(　　　)地面に自分のかげができる。

②(　　　)地面をさわると、少ししめっている。

③(　　　)地面をさわると、かわいている。

④(　　　)せんたくものがかわきやすい。

2 右の図のように、温度計（おんどけい）を使って地面の温度をはかりました。次の問いに答えましょう。

(1) 地面の温度のはかり方について、次の文の(　)にあてはまる言葉を、下の〔　〕からえらんで書きましょう。

地面を①(　　　　　)ほって、温度計の②(　　　　　)を入れ、土をかぶせる。そして、③(　　　　　)が温度計に当たらないようにおおいをする。

〔 少し　たくさん　土
日光　えきだめ　水 〕

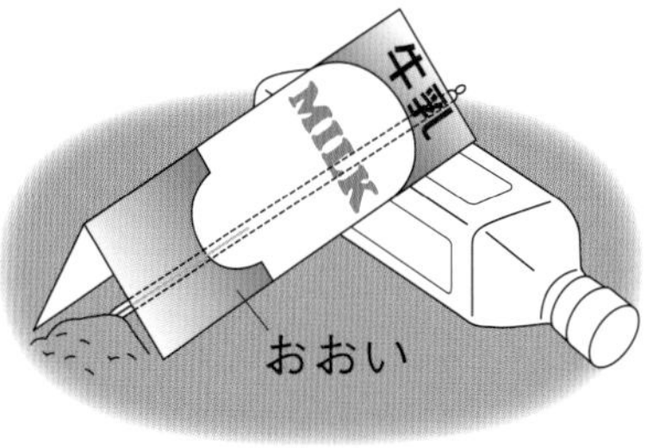

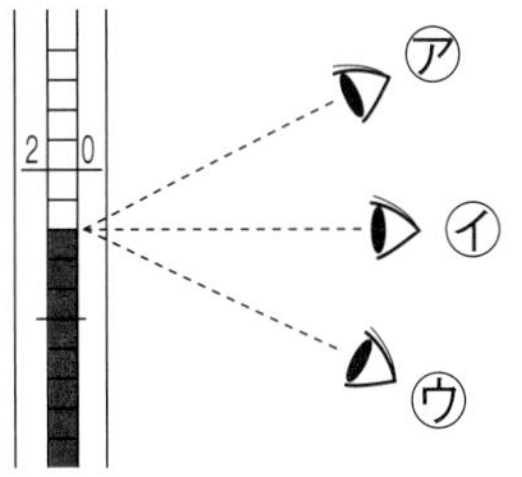

(2) 温度計の目もりを読む正しい目のいちを、右の図のア～ウからえらびましょう。(　　　)

(3) 右の図は、午前9時と午前12時の日なたと日かげの地面の温度を調べたときの温度計の目もりを表しています。午前12時の日なたと日かげの地面の温度を読みましょう。

日なた(　　　　　)

日かげ(　　　　　)

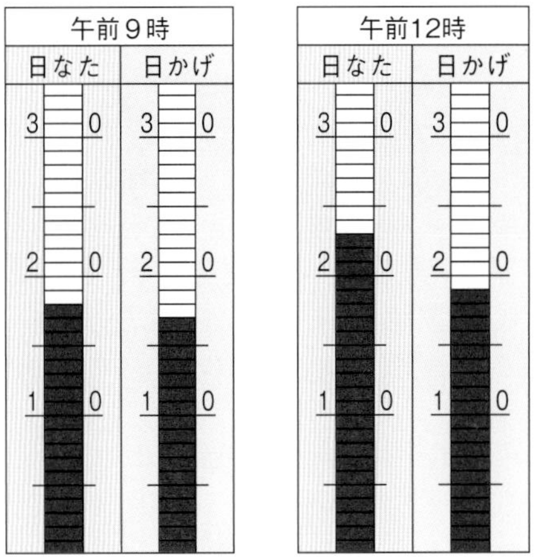

(4) 午前12時に地面の温度が高いのは、日なたと日かげのどちらですか。

(　　　　　)

(5) 午前9時と午前12時で、地面の温度のかわり方が大きいのは、日なたと日かげのどちらですか。

(　　　　　)

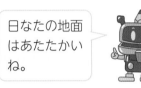

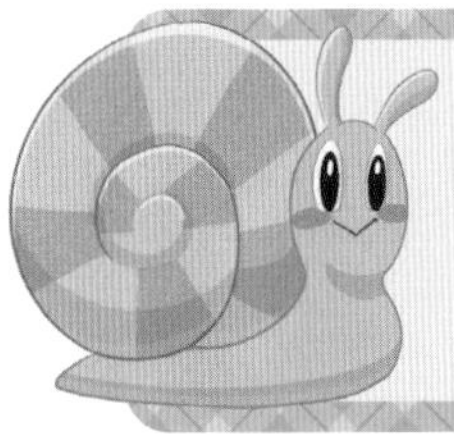

まとめのテスト②

7　地面のようすと太陽

とく点　/100点

おわったらシールをはろう

時間 20分

教科書 119〜125、192、199ページ　答え 12ページ

よく出る **1** **日なたと日かげ** 次の文のうち、午前12時の日なたのようすには○、日かげのようすには×をつけましょう。　1つ5〔20点〕

①（　　）明るくてまぶしい。

②（　　）地面にさわると、つめたい。

③（　　）地面にさわると、あたたかい。

④（　　）地面に自分のかげができない。

2 **地面の温度のはかり方** 右の図のように、ほうしゃ温度計を使って、午前9時と午前12時に、日なたと日かげの地面の温度をはかりました。次の問いに答えましょう。　1つ5〔35点〕

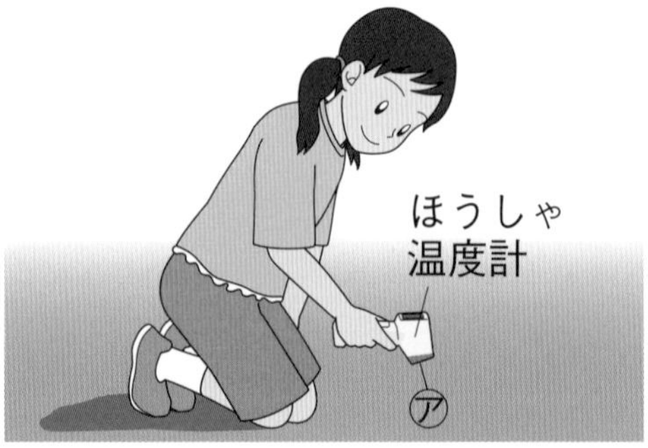

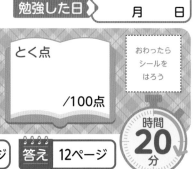

ほうしゃ
温度計
㋐

(1)　ほうしゃ温度計を使って地面の温度をはかるとき、どのようにしますか。正しいものに2つ○をつけましょう。

①（　　）㋐の部分を地面に近づけて真横(まよこ)に向ける。

②（　　）㋐の部分を地面に近づけて真下(ました)に向ける。

③（　　）㋐の部分を地面につける。

④（　　）㋐の部分は地面から少しはなす。

(2)　右の図は、このときはかった温度を、ぼうグラフに表したものです。次の①〜④の温度を、図の[あ]〜[え]からそれぞれえらびましょう。

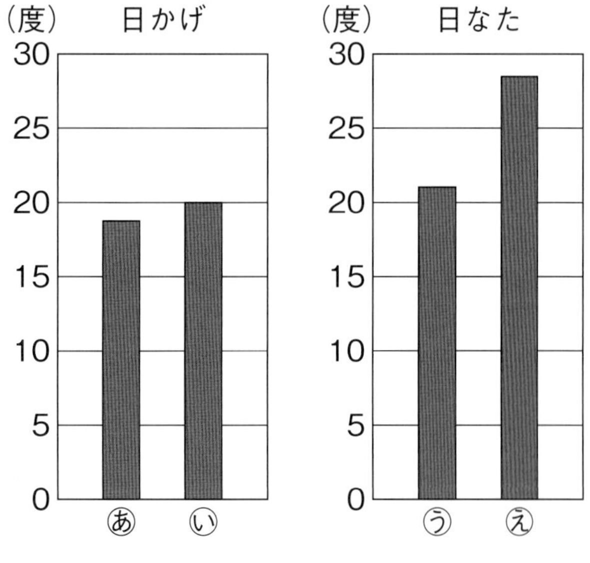

(度)
日かげ
30
25
20
15
10
5
0
あ
い
(度)
日なた
30
25
20
15
10
5
0
う
え

①　午前9時の日なた　（　　）

②　午前9時の日かげ　（　　）

③　午前12時の日なた　（　　）

④　午前12時の日かげ　（　　）

記述 (3)　地面の温度が、日なたと日かげでちがうのはなぜですか。

（　　　　　　　　　　　　　　　　　　　　）

3 地面の温度のはかり方 温度計を使って、地面の温度をはかりました。次の問いに答えましょう。

1つ5〔35点〕

(1) 日なたの地面の温度のはかり方として正しいものを、次の㋐～㋒からえらびましょう。 (　　　)

㋐　　　　　㋑　　　　　㋒

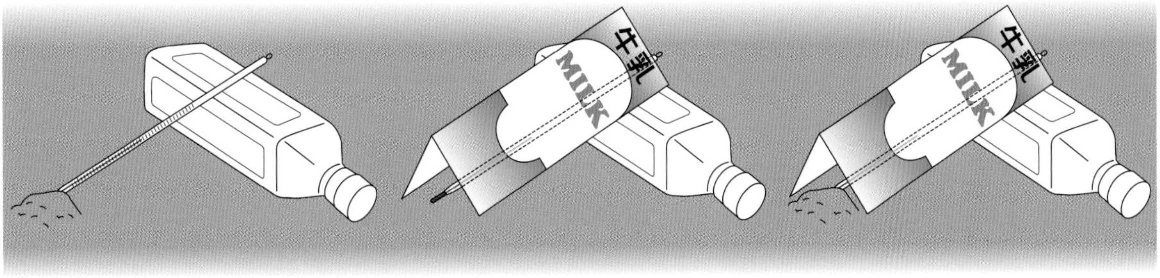

記述 (2) 温度計におおいをするのはなぜですか。

(　　　　　　　　　　　　　　　　　　　　)

(3) 温度計の目もりは、どこから読みますか。右の図の㋐～㋒からえらびましょう。 (　　　)

(4) 右の図の温度計は何度をしめしていますか。

(　　　　　)

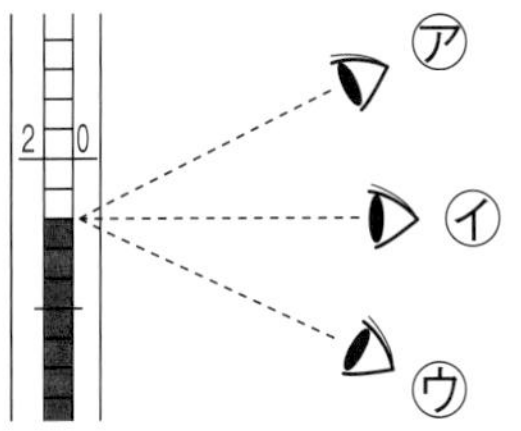

チャレンジ! (5) 温度計の使い方について、次の文のうち、正しいものには○、まちがっているものには×をつけましょう。

①(　　　)温度計を使って、土をほってもよい。

②(　　　)えきの先が目もりの線と線の間にあるときは、近いほうの目もりを読む。

③(　　　)われないようにていねいに使う。

4 日なたと日かげの地面のようす 下の図の㋐と㋑の場所で、地面のようすをくらべました。次の問いに答えましょう。

1つ5〔10点〕

(1) ㋐の場所の地面のせつめいとして正しいものを、次のア～エからえらびましょう。

(　　　)

ア　あたたかくて、しめっている。

イ　つめたくて、しめっている。

ウ　あたたかくて、かわいている。

エ　つめたくて、かわいている。

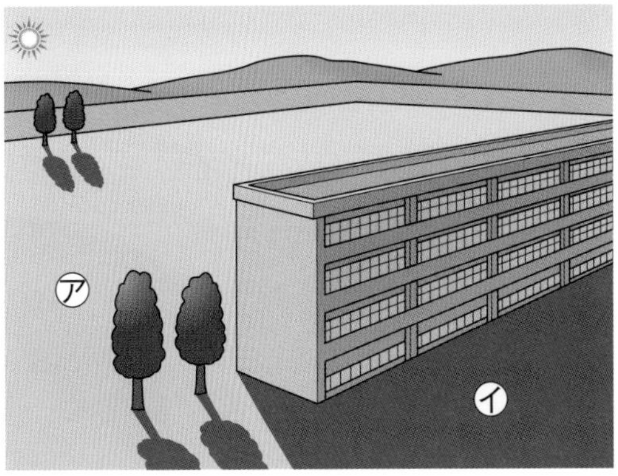

(2) ある植物のたねをまきます。植物は、日当たりのよいところで育てると、よく育ちます。図の㋐と㋑のどちらの場所にたねをまくとよいですか。 (　　　)

かがみではね返した日光①

きほんのワーク

もくひょう
かがみではね返した日光の進み方を調べよう。

おわったらシールをはろう

教科書 126〜129ページ 答え 13ページ

図を見て、あとの問いに答えましょう。

1 日光の進み方

日光は①［   ］に進む。

かがみを使って日光をはね返すことが②（ できる　できない ）。

(1) ①の□にあてはまる言葉を書きましょう。

(2) ②の（ ）のうち、正しいほうを◯でかこみましょう。

2 かがみではね返した日光

かがみではね返した日光は①［   ］に進む。

かがみではね返した日光は、集めることが②（ できる　できない ）。

(1) ①の□にあてはまる言葉を書きましょう。

(2) ②の（ ）のうち、正しいほうを◯でかこみましょう。

まとめ　〔 まっすぐ　集める　日光 〕からえらんで（ ）に書きましょう。

● ①（   ）はまっすぐに進む。かがみではね返した日光も②（   ）に進む。

● かがみを使って、はね返した日光は③（   ）ことができる。

わくわくたんてい団　かがみには、平らなガラスのうらがわに、光がはね返りやすいように金ぞく（銀）がうすくぬられています。当たった光が一方向だけにはね返るしくみになっているのです。

練習のワーク

教科書 126〜129ページ　答え 13ページ

勉強した日　月　日

できた数
/10問中

おわったら
シールを
はろう

1 かがみで日光をはね返して、日光の進み方を調べました。次の問いに答えましょう。

(1) 日光はどのように進みますか。正しいほうに〇をつけましょう。

①（　　　）まっすぐに進む。

②（　　　）曲がりながら進む。

(2) かがみではね返した日光は、どのように進みますか。次の文のうち、正しいほうに〇をつけましょう。

①（　　　）まっすぐに進む。

②（　　　）曲がりながら進む。

(3) かがみではね返した日光で、してはいけないことに〇をつけましょう。

①（　　　）かがみに当てる。

②（　　　）人の顔に当てる。

③（　　　）地面に当てる。

(4) かがみではね返した日光をかべに当てると、当てたところの明るさはどうなりますか。

（　　　　　　　　　　　　）

(5) 図のかがみを、右のほうに動かすと、かべに当たった日光は、㋐〜㋓のどちらのほうに動きますか。

（　　　）

(6) 上の図で、太陽はどの方向にありますか。次の㋕〜㋗からえらびましょう。

（　　　）

㋕　　　　　　　　　　　㋖　　　　　　　　　　㋗　　　　　　　　

　　　　　　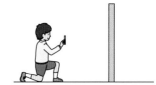

2 次の文のうち、正しいものには〇、まちがっているものには×をつけましょう。

①（　　　）かがみではね返した日光は、さえぎるものがないと、まっすぐに進む。

②（　　　）かがみの向きをかえても、はね返した日光の道すじはかわらない。

③（　　　）かがみではね返した日光を、さらにかがみではね返すことができる。

④（　　　）かがみではね返した日光を、人の顔に当ててはいけない。

かがみではね返した日光②

きほんのワーク

図を見て、あとの問いに答えましょう。

① かがみの数をかえたときの明るさとあたたかさ

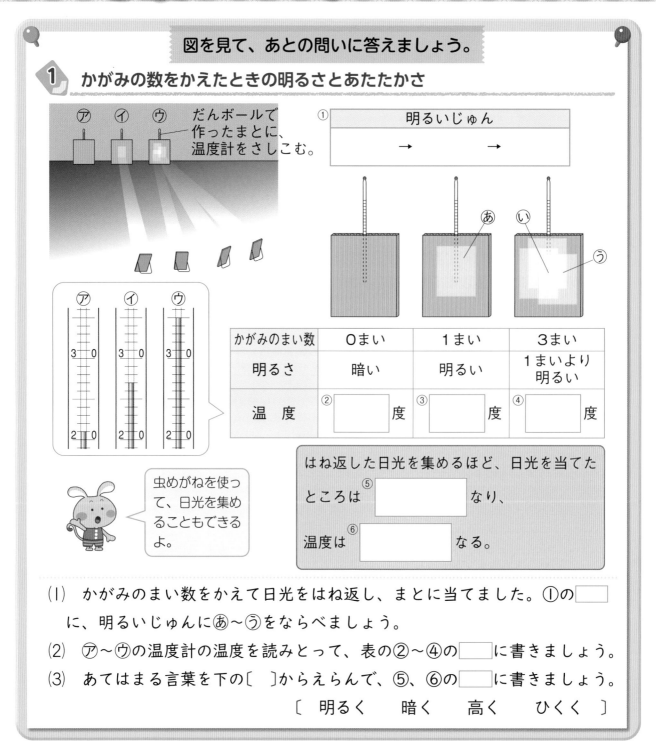

かがみのまい数	0まい	1まい	3まい
明るさ	暗い	明るい	1まいより明るい
温　度	② ［　　　］度	③ ［　　　］度	④ ［　　　］度

はね返した日光を集めるほど、日光を当てたところは⑤［　　　　　］なり、温度は⑥［　　　　　］なる。

虫めがねを使って、日光を集めることもできるよ。

(1) かがみのまい数をかえて日光をはね返し、まとに当てました。①の□に、明るいじゅんにあ～うをならべましょう。

(2) ア～ウの温度計の温度を読みとって、表の②～④の□に書きましょう。

(3) あてはまる言葉を下の〔 〕からえらんで、⑤、⑥の□に書きましょう。
〔 明るく　暗く　高く　ひくく 〕

まとめ 〔 明るく　かわる　あたたかく 〕からえらんで（ ）に書きましょう。
● かがみではね返した日光を集めるほど、①（　　　　）なり、②（　　　　）なる。
● 日光を当てると、当てたところの明るさやあたたかさは③（　　　　）。

わくわくたんてい団　虫めがねで紙の上に日光を集めるとき、虫めがねを紙から遠ざけるほど、日光が紙に小さく集まっていき、日光が当たったところは、より明るく、とてもあつくなります。

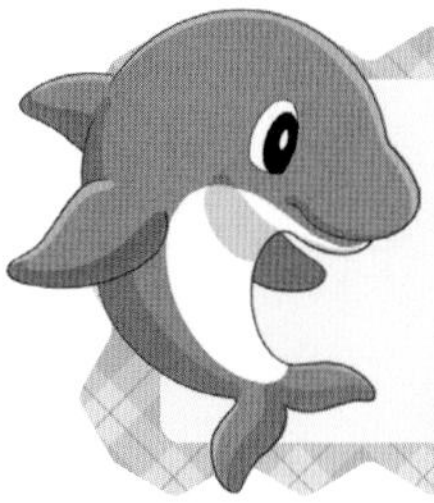

練習のワーク

教科書 130～137、199ページ　答え 13ページ

できた数　/10問中

おわったらシールをはろう

1 右の図のように、かがみではね返した日光を、日かげになったかべに当てて、明るさや温度を調べました。次の問いに答えましょう。

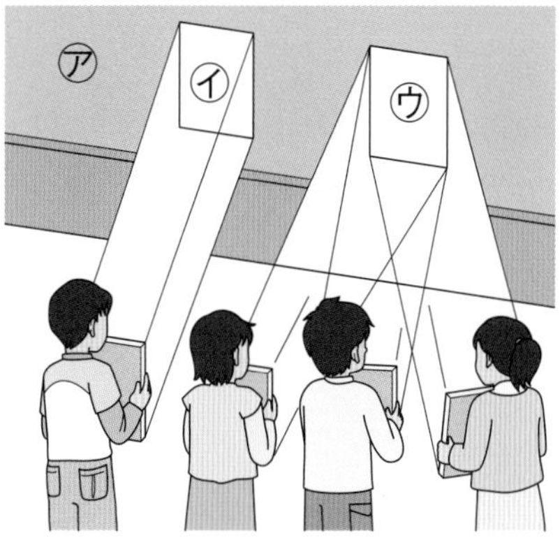

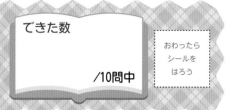

(1) ㋐～㋒のうち、一番明るいところはどこですか。（　　）

(2) ㋐～㋒のうち、一番あたたかいところはどこですか。（　　）

(3) ㋐～㋒の温度をほうしゃ温度計ではかって、けっかを右の表のようにまとめました。㋐～㋒のかべの温度を、〔　〕からえらんで、表の①～③に書きましょう。

〔　15度　39度　20度　〕

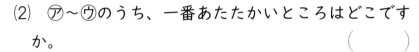

場所	かがみのまい数	温度
㋐	0まい	①
㋑	1まい	②
㋒	3まい	③

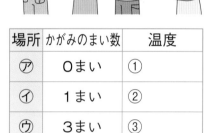

(4) 右の図のほうしゃ温度計の使い方で、正しいほうに○をつけましょう。

ほうしゃ温度計

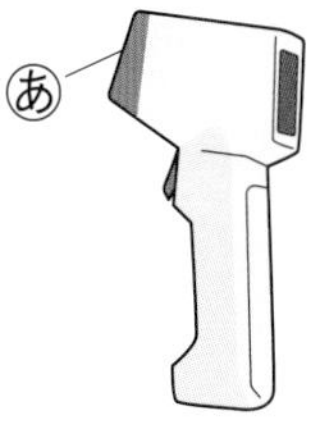

①（　　）[あ]を、かべにつける。

②（　　）[あ]を、かべから少しはなす。

(5) このじっけんからわかったことをまとめた、次の文の（　）にあてはまる言葉を書きましょう。

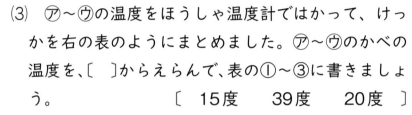

かがみではね返した日光を集めるほど、日光が当たったところの明るさは①（　　　　）なり、温度は②（　　　　）なる。

SDGs **2** 次の図のうち、はね返した日光がまっすぐに進むことをり用しているものには○、はね返した日光を集めるとあたたかくなることをり用しているものには×をつけましょう。

①［　］

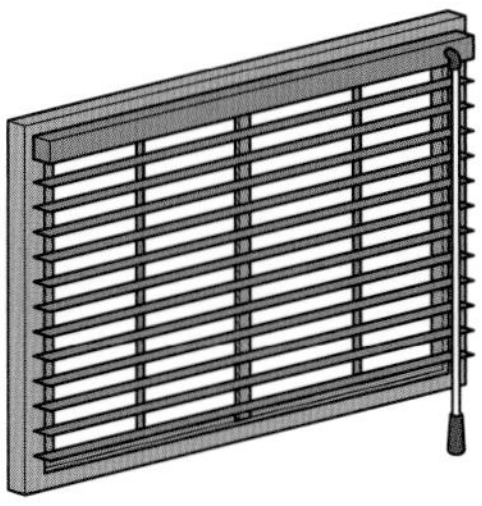

ブラインド
部屋（へや）を明るくしたり、暗くしたりできる。

②［　］

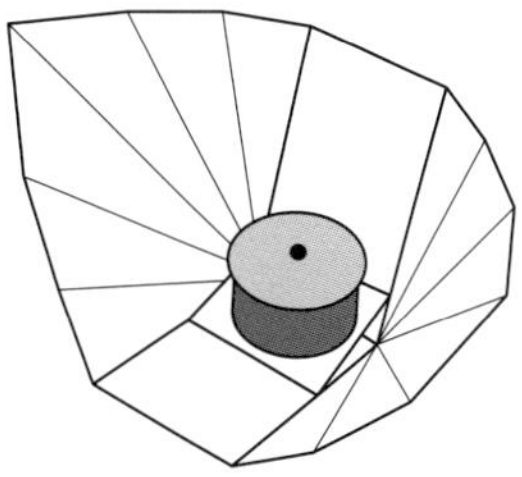

ソーラークッカー
なべで、お湯（ゆ）をわかすことができる。

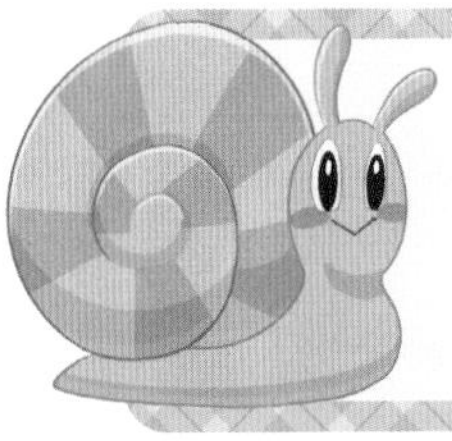

まとめのテスト

8　太陽の光

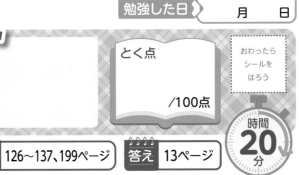

とく点　/100点

おわったらシールをはろう

時間 20分

教科書 126～137、199ページ　答え 13ページ

1　太陽の光（日光）　日光について書かれた次の文のうち、正しいものには○、まちがっているものには×をつけましょう。　1つ5〔35点〕

①（　　）かがみではね返した日光を日かげのかべに当てると明るくなる。

②（　　）かがみではね返した日光を日かげのかべに当ててもあたたかくならない。

③（　　）１まいのかがみではね返した日光を当てたところと、3まいのかがみではね返した日光を集めたところでは、明るさにちがいがない。

④（　　）１まいのかがみではね返した日光を当てたところより、3まいのかがみではね返した日光を集めたところのほうがあたたかくなる。

⑤（　　）虫めがねで日光を集めたところを小さくするほど暗くなる。

⑥（　　）まどからさしこむ日光は、いろいろな向きに進む。

⑦（　　）かがみではね返した日光は、まっすぐに進む。

よく出る **2　日光を重ねたとき　3まいのかがみを使って、はね返した日光を集めて、明るさやあたたかさを調べました。あとの問いに答えましょう。**　1つ5〔25点〕

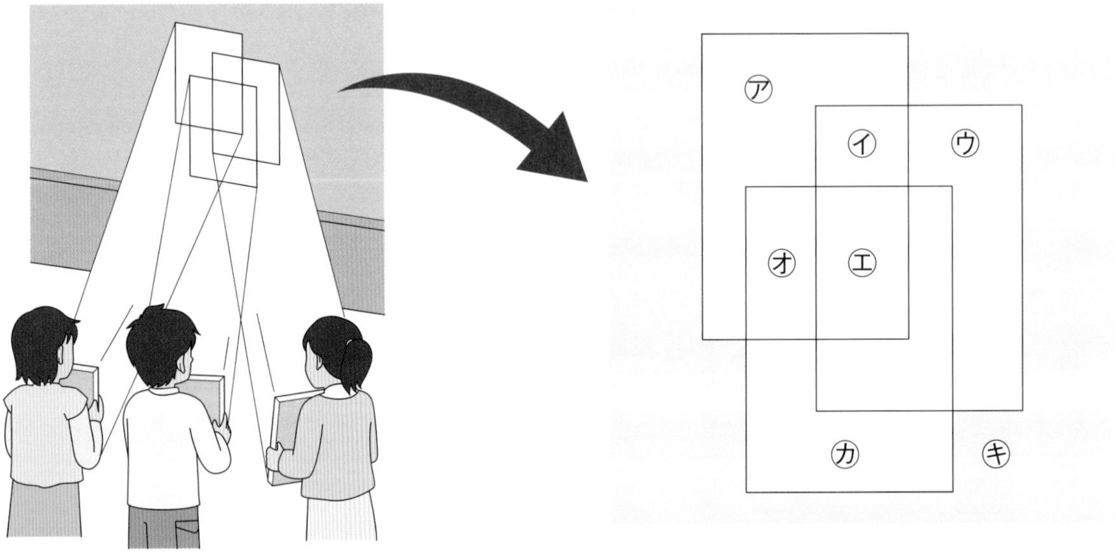

(1)　一番明るいところを、㋐～㋖からえらびましょう。（　　）

(2)　一番暗いところを、㋐～㋖からえらびましょう。（　　）

(3)　一番あたたかいところを、㋐～㋖からえらびましょう。（　　）

(4)　㋑と同じ明るさのところを、㋐、㋒～㋖からえらびましょう。（　　）

記述 (5)　日光を集めるかがみのまい数が多くなるほど、明るさやあたたかさはどうなりますか。（　　）

SDGs **3** **はね返した日光** 同じりょうの水を入れた同じペットボトルを、図の㋐、㋑のようにして、30分後にそれぞれの水の温度をはかりました。あとの問いに答えましょう。

1つ5〔10点〕

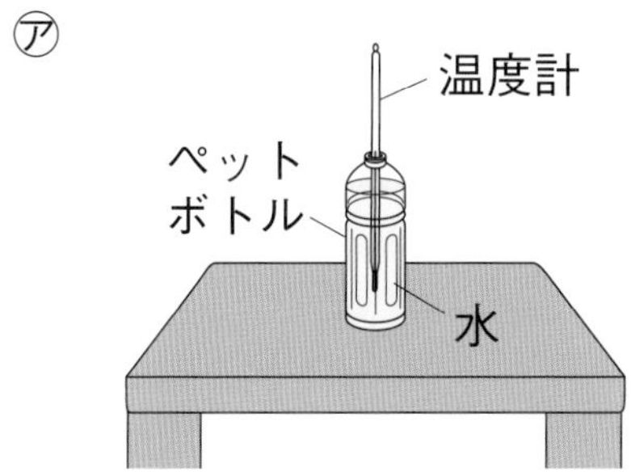

日なたにそのままおく。

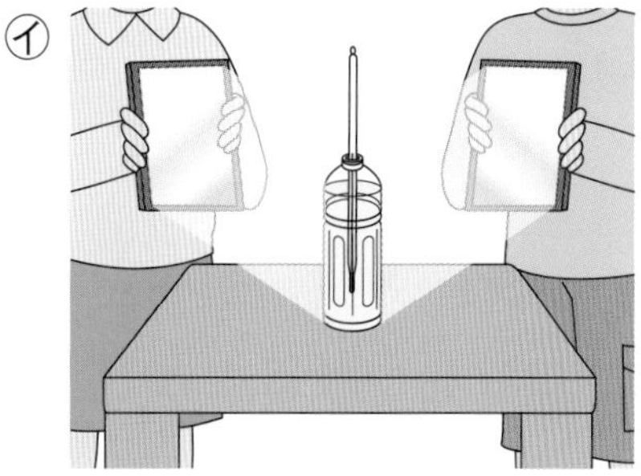

日なたで、かがみを2まい使って、はね返した日光を当てる。

(1) 図の㋐、㋑のうち、30分後の水の温度が高いのはどちらですか。

（　　　）

記述 (2) 30分後の水の温度を(1)よりも高くするには、どのようにすればよいですか。

（　　　　　　　　　　　　　　　　　　　　　　　　　　　　）

チャレンジ! **4** **虫めがねを通った日光** 虫めがねを通った日光をだんボールに当てて、明るさやあたたかさを調べました。あとの問いに答えましょう。

1つ6〔30点〕

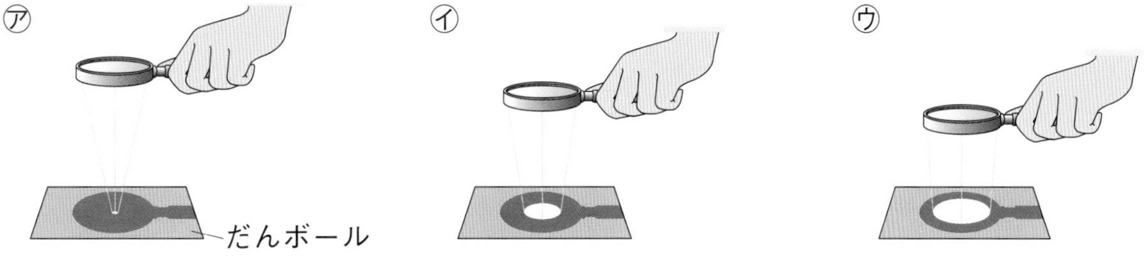

(1) 虫めがねを通った日光はどのようになりますか。ア～ウからえらびましょう。

（　　　）

ア　広がる。　　イ　集まる。　　ウ　そのまま、まっすぐに進む。

(2) 日光が集まったところが、一番明るくなるのはどれですか。図の㋐～㋒からえらびましょう。（　　　）

(3) 日光が集まったところが、一番あたたかくなるのはどれですか。図の㋐～㋒からえらびましょう。（　　　）

(4) 次の文のうち、正しいものに2つ○をつけましょう。

①（　　　）生きものをかんさつするときは、虫めがねを目からはなして持つ。

②（　　　）虫めがねで集めた日光を、生きものや人に当ててはいけない。

③（　　　）虫めがねで集めた日光のあたたかさは、自分の手に当ててたしかめる。

④（　　　）目をいためるので、虫めがねで太陽を見てはいけない。

電気の通り道①

きほんのワーク

勉強した日　月　日

もくひょう・
豆電球に明かりがつく
ときのつなぎ方をかく
にんしよう。

おわったら
シールを
はろう

教科書　138〜141ページ　答え　14ページ

図を見て、あとの問いに答えましょう。

1 豆電球に明かりをつけるための道具

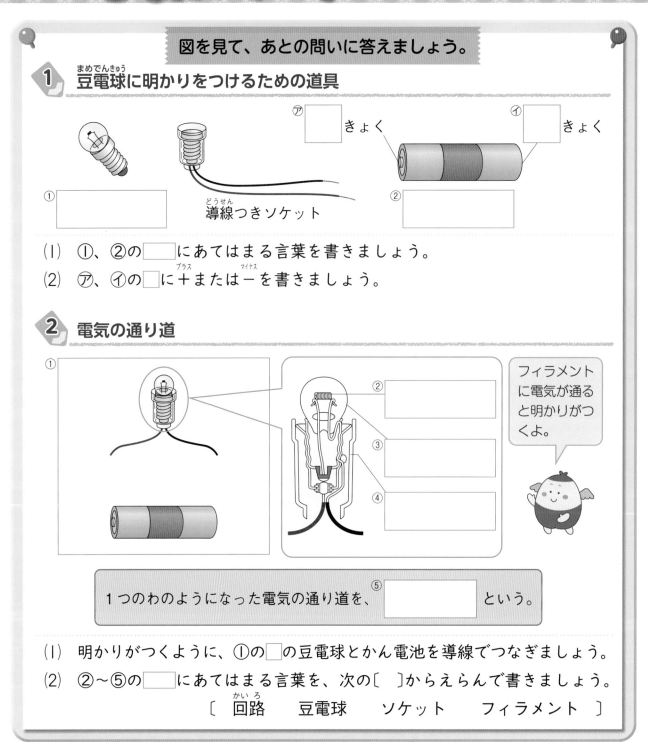

⑦□ きょく　　　⑦□ きょく

① □

導線つきソケット

② □

(1) ①、②の□にあてはまる言葉を書きましょう。

(2) ⑦、⑦の□に＋または－を書きましょう。

2 電気の通り道

①　　　② □　　③ □　　④ □

フィラメント
に電気が通る
と明かりがつ
くよ。

1つのわのようになった電気の通り道を、⑤□　という。

(1) 明かりがつくように、①の□の豆電球とかん電池を導線でつなぎましょう。

(2) ②〜⑤の□にあてはまる言葉を、次の〔　〕からえらんで書きましょう。

〔　回路　　豆電球　　ソケット　　フィラメント　〕

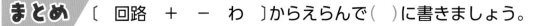

まとめ　〔　回路　＋　－　わ　〕からえらんで（　）に書きましょう。

● かん電池の①（　　　　　）きょく、豆電球、かん電池の②（　　　　　）きょくが、導
線で③（　　　　　）のようにつながっている電気の通り道を④（　　　　　）という。

かん電池には、いろいろなしゅるいがあり、そこが丸いつつの形の電池がよく使われます。
大きいじゅんに、たん1形、たん2形、たん3形、たん4形とよばれています。

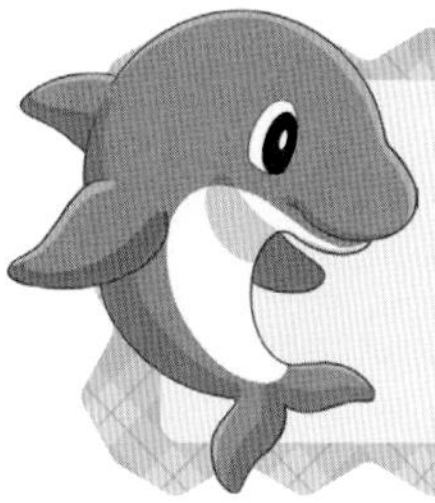

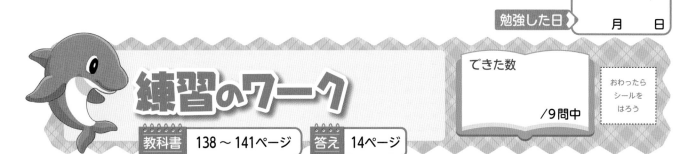

練習のワーク

教科書 138～141ページ　答え 14ページ

できた数 /9問中

おわったら シールを はろう

1 右の図は、明かりをつけるための道具です。次の問いに答えましょう。

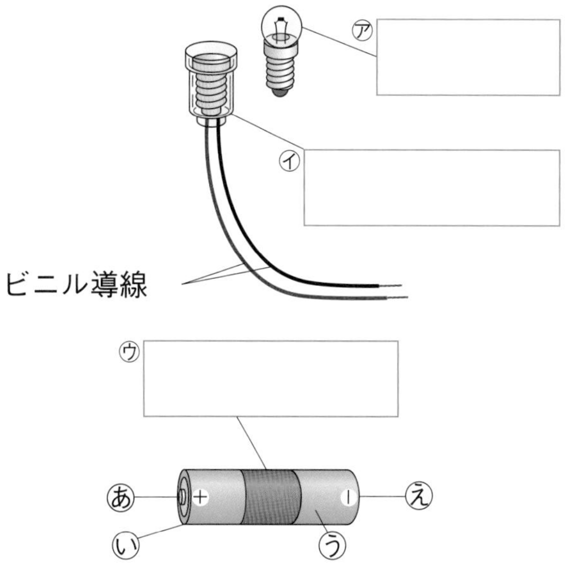

(1) ㋐～㋒の□にあてはまる名前を、次の〔 〕からえらんで書きましょう。

〔 かん電池　豆電球
導線つきソケット 〕

(2) ㋐を㋑にねじこみ、明かりがつくようにするためには、図の[あ]～[え]のどことどこに導線をつなげばよいですか。

（　　　と　　　）

2 次の図のように、豆電球、かん電池、導線つきソケットを使って、豆電球に明かりをつけます。あとの問いに答えましょう。

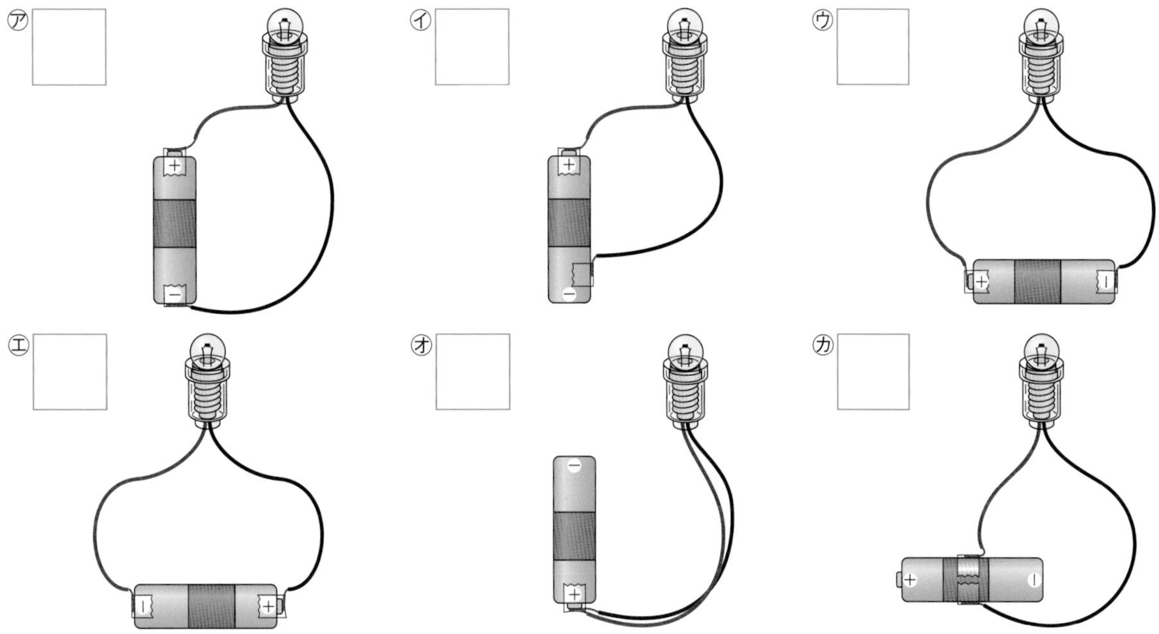

(1) ㋐～㋕のうち、豆電球に明かりがつくつなぎ方はどれですか。3つえらんで□に○をつけましょう。

(2) 次の文の（ ）にあてはまる言葉を書きましょう。

豆電球とかん電池の＋きょくと－きょくが、わのようにつながると①（　　　）が通り、豆電球に明かりがつく。①の通り道を②（　　　）という。

勉強した日　　月　　日

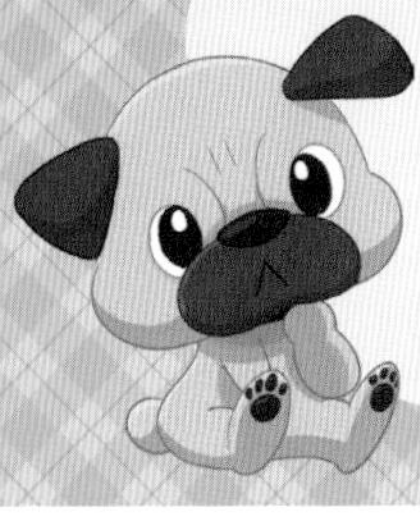

電気の通り道②

きほんのワーク

もくひょう
豆電球に明かりがつくときのつなぎ方をかくにんしよう。

おわったらシールをはろう

教科書 142～151ページ　答え 14ページ

図を見て、あとの問いに答えましょう。

1 豆電球に明かりがつくか調べる

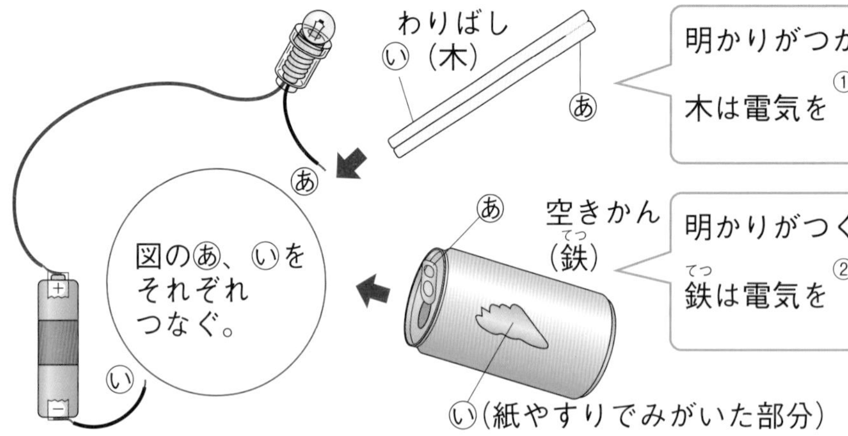

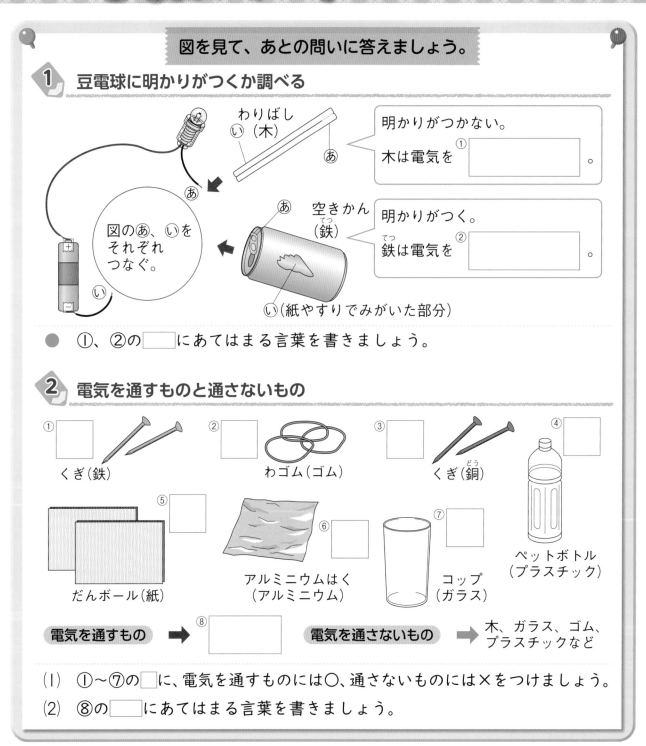

わりばし
[い]（木）
[あ]
[あ]
図の[あ]、[い]をそれぞれつなぐ。
[い]
[あ]
空きかん
（鉄（てつ））
[い]（紙やすりでみがいた部分）

明かりがつかない。
木は電気を①□。

明かりがつく。
鉄（てつ）は電気を②□。

● ①、②の□にあてはまる言葉を書きましょう。

2 電気を通すものと通さないもの

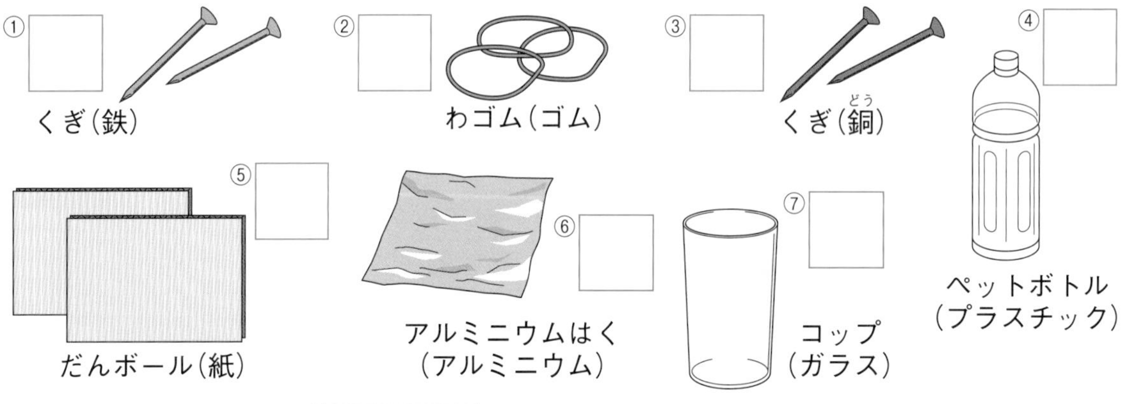

①□
くぎ（鉄）
②□
わゴム（ゴム）
③□
くぎ（銅（どう））
④□
ペットボトル
（プラスチック）
⑤□
だんボール（紙）
⑥□
アルミニウムはく
（アルミニウム）
⑦□
コップ
（ガラス）

電気を通すもの ➡ ⑧□

電気を通さないもの ➡ 木、ガラス、ゴム、プラスチックなど

(1) ①～⑦の□に、電気を通すものには○、通さないものには×をつけましょう。

(2) ⑧の□にあてはまる言葉を書きましょう。

まとめ　〔 通さない　通す　金ぞく 〕からえらんで（ ）に書きましょう。

● 鉄や銅、アルミニウムなどの①（　　　　）は、電気を②（　　　　）。

● 紙、ゴム、ガラス、プラスチックなどは、電気を③（　　　　）。

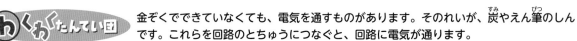

わくわくたんてい団　金ぞくでできていなくても、電気を通すものがあります。そのれいが、炭（すみ）やえん筆（ぴつ）のしんです。これらを回路のとちゅうにつなぐと、回路に電気が通ります。

練習のワーク

教科書 142～151ページ　答え 14ページ

できた数　/12問中

おわったらシールをはろう

1 [ ]の中の図の㋐の[あ]と[い]に、①～⑦の[あ]と[い]をそれぞれつないで、電気を通すか、通さないかを調べました。あとの問いに答えましょう。

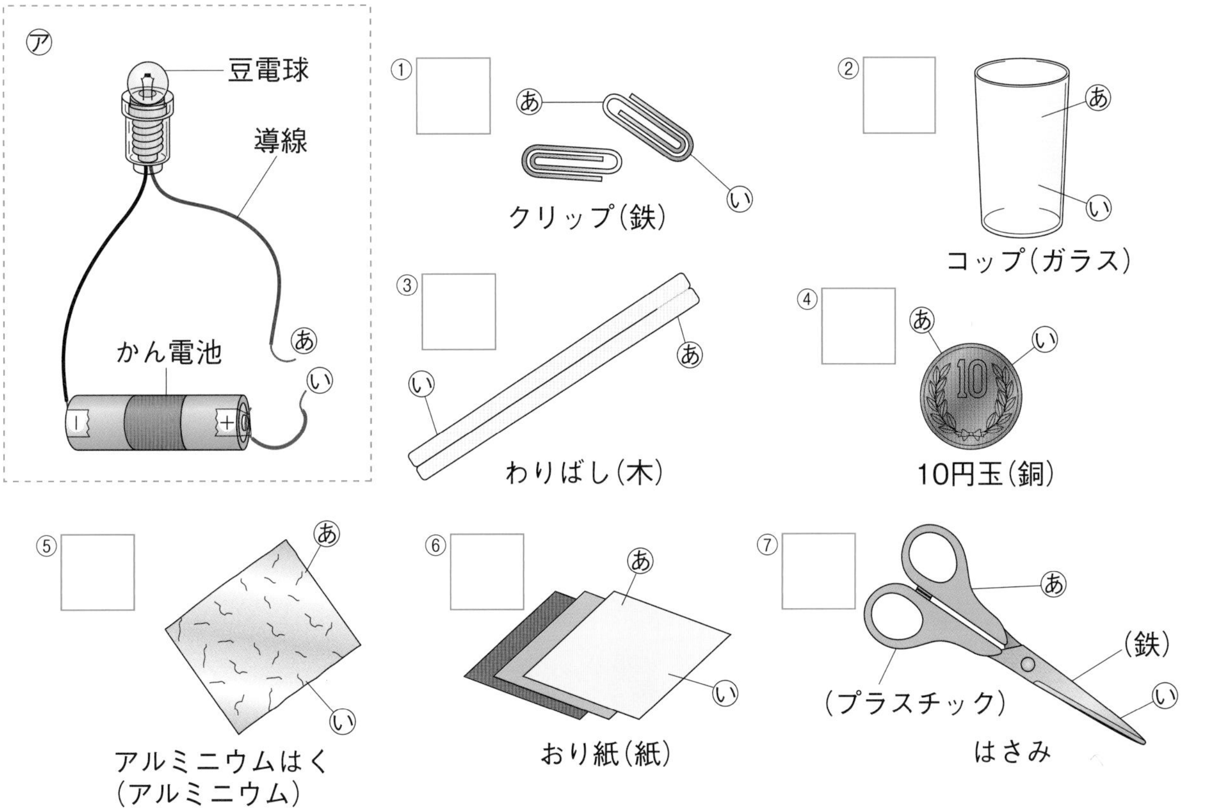
㋐
豆電球
導線
かん電池
[あ]
[い]
①
[あ]
[い]
クリップ(鉄)
②
[あ]
[い]
コップ(ガラス)
③
[あ]
[い]
わりばし(木)
④
[あ]
[い]
10円玉(銅)
⑤
[あ]
[い]
アルミニウムはく
(アルミニウム)
⑥
[あ]
[い]
おり紙(紙)
⑦
[あ]
(鉄)
[い]
(プラスチック)
はさみ

[記述] (1) ①～⑦が電気を通すものであるかどうかは、何がどのようになることでわかりますか。

(　　　　　　　　　　)

(2) ①～⑦の□に、電気を通すものには○、通さないものには×をつけましょう。

(3) 電気を通すものは、何からできていますか。

(　　　　)

(4) 図の㋑のような⑧、⑨のアルミニウムの空きかんの[あ]と[い]に、図の㋐の[あ]と[い]をつなぎました。電気を通すものには○、通さないものには×を、⑧、⑨の□につけましょう。

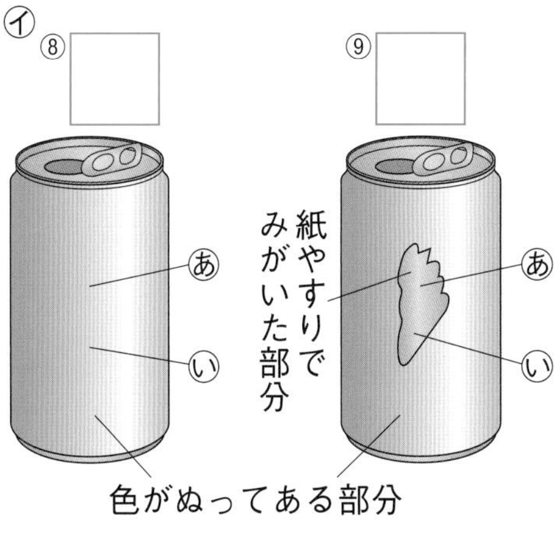
㋑
⑧
⑨
[あ]
[い]
紙やすりでみがいた部分
色がぬってある部分

(5) (4)のようになった理由(りゆう)について、正しいものをア、イからえらびましょう。(　　)

ア アルミニウムは電気を通すが、色がぬってある部分は電気を通さないから。

イ 色がぬってある部分は、紙やすりでみがいても電気を通さないから。

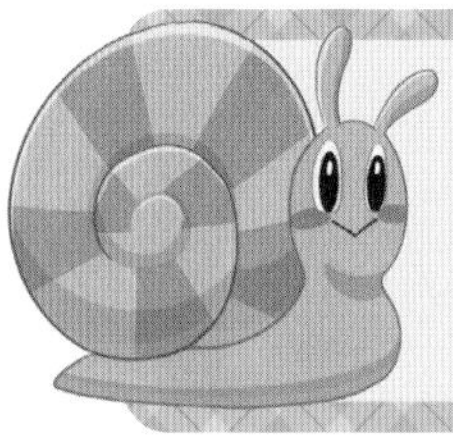

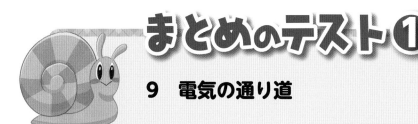

勉強した日　　月　日

まとめのテスト①

9　電気の通り道

とく点　　/100点

おわったら シールを はろう

時間 20分

教科書 138～151ページ　答え 15ページ

よく出る **1** **明かりがつくもの・つかないもの** 豆電球とかん電池を、導線つきソケットを使って、次の図のようにつなぎました。あとの問いに答えましょう。　1つ5〔60点〕

①□
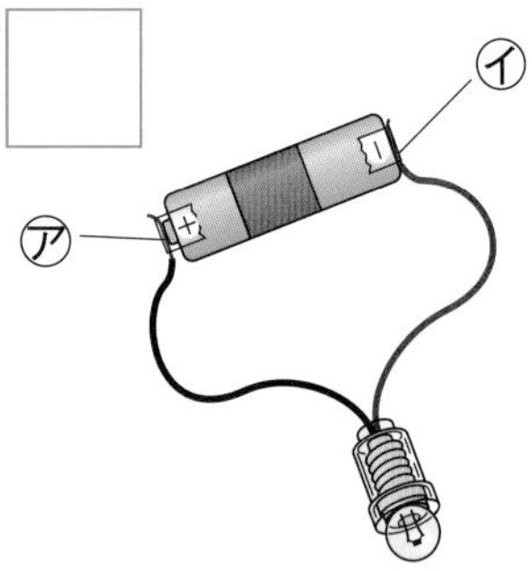

②□
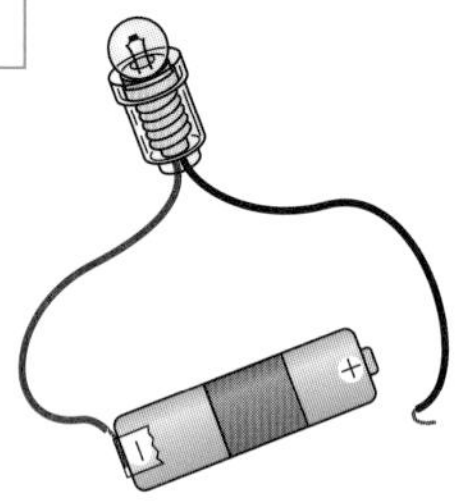

③□
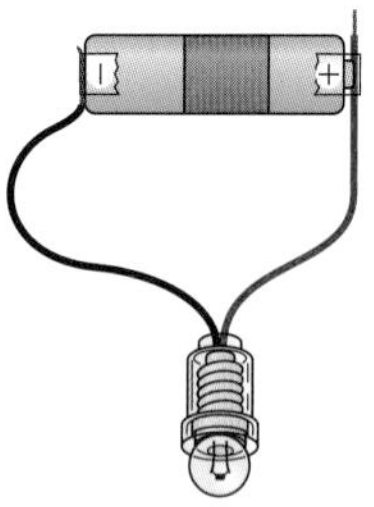

④□
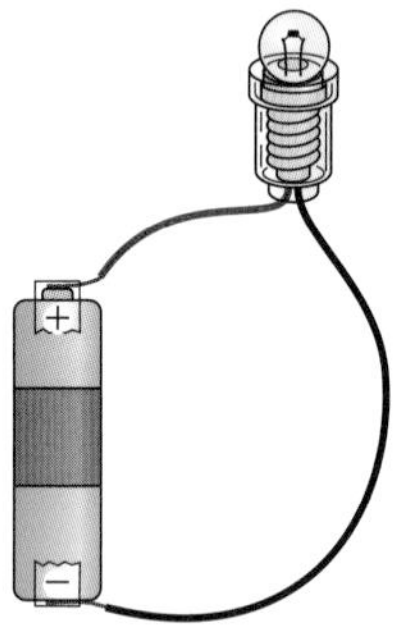

⑤□
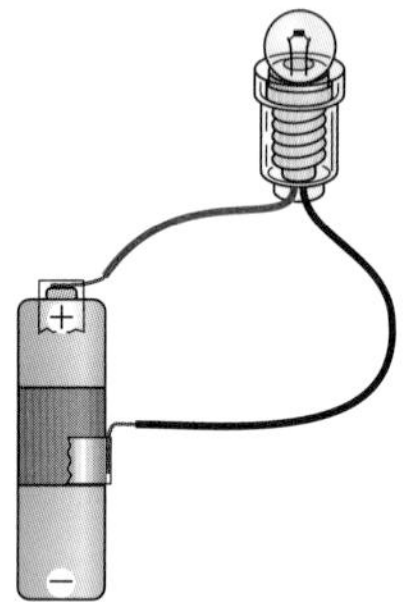

⑥□
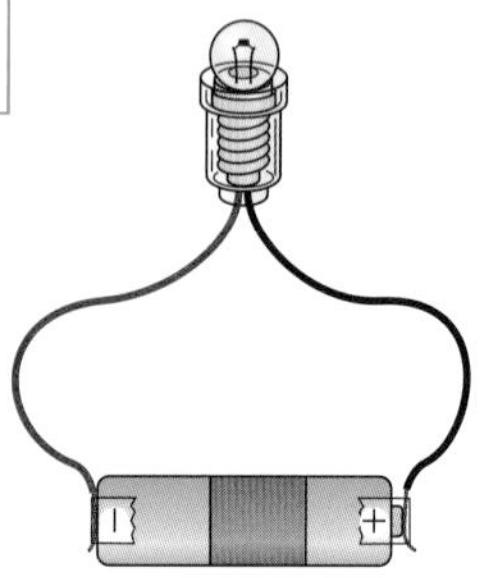

⑦□
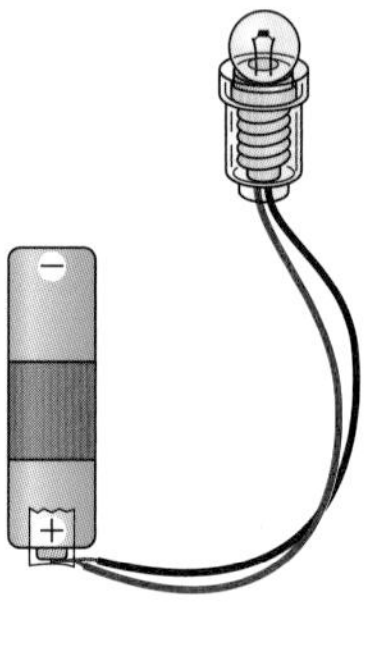

⑧□
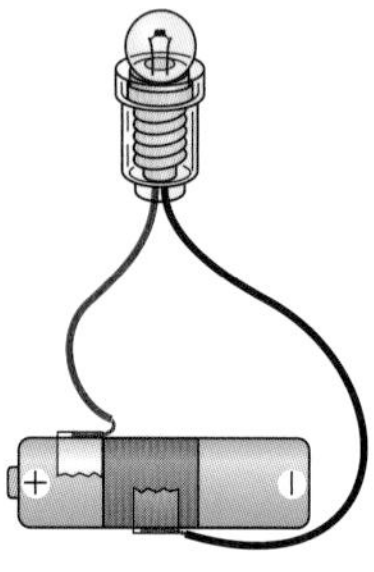

⑨□
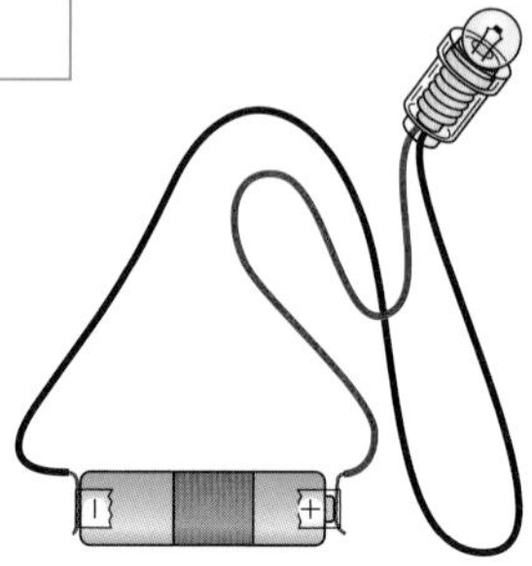

(1)　図の①の㋐、㋑は、それぞれかん電池の何きょくですか。

㋐(　　　　　)

㋑(　　　　　)

(2)　豆電球の明かりがつくものには○、明かりがつかないものには×を、図の①～⑨の□につけましょう。

(3)　(2)で、豆電球に明かりがついているとき、わのようになっている電気の通り道を何といいますか。　(　　　　　)

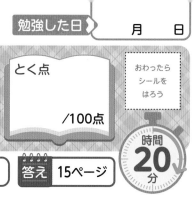

2 明かりがつくとき 次の図は、豆電球やソケットの中のようすと、豆電球を新しいかん電池につないだようすを表しています。あとの問いに答えましょう。

1つ5〔30点〕

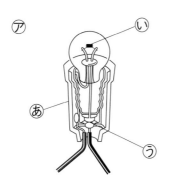 

(1) 図の㋐で、電気が通ると、豆電球の◯の部分が光って明かりがつきます。◯の部分を何といいますか。（　　　　　　　）

(2) ソケットに入れた豆電球をゆるめたとき、電気の通り道が切れる部分を、図㋐の㋐～㋒からえらびましょう。（　　　　　　　）

(3) 図の㋑のようにつないで、豆電球の明かりがつかないとき、何をかくにんしますか。正しいものに2つ◯をつけましょう。
① (　　) 豆電球が、ソケットにしっかりねじこまれているかどうか。
② (　　) 導線が2本とも同じ長さになっているかどうか。
③ (　　) 豆電球が上向きになっているかどうか。
④ (　　) 豆電球の中の◯が、切れていないかどうか。

(4) かん電池を使うとき、きけんなので、してはいけないことに、2つ◯をつけましょう。
① (　　) 使い終わったかん電池は、もえるゴミとしてすてる。
② (　　) 導線を長くして、豆電球とかん電池をつなぐ。
③ (　　) かん電池の＋きょくと－きょくを、導線だけでわのようにつなぐ。
④ (　　) かん電池に導線をつなぐときに、セロハンテープでとめる。

3 導線を長くしたとき 図のように、導線どうしを長くつないで、電球とかん電池につなぎました。次の問いに答えましょう。

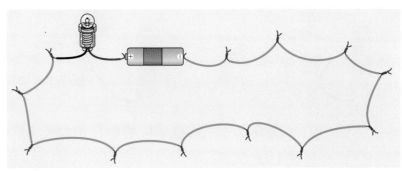

1つ5〔10点〕

(1) 明かりはつきますか、つきませんか。
（　　　　　　　）

記述 (2) (1)のように考えた理由を書きましょう。
（　　　　　　　　　　　　　　　　　）

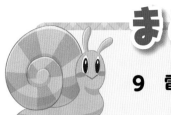

勉強した日　月　日

まとめのテスト②

9 電気の通り道

とく点　/100点

おわったら シールを はろう

時間 20分

教科書 138～151ページ　答え 15ページ

よく出る 1 電気を通すもの・通さないもの 次の写真のうち、電気を通すものには○、通さないものには×を□につけましょう。 1つ5〔30点〕

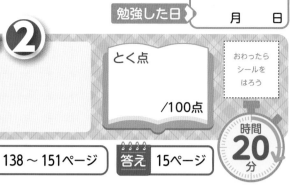

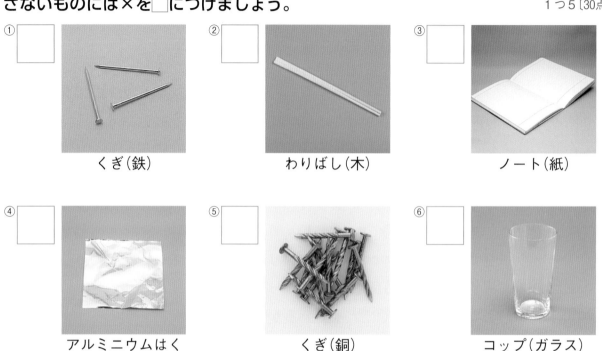

① □
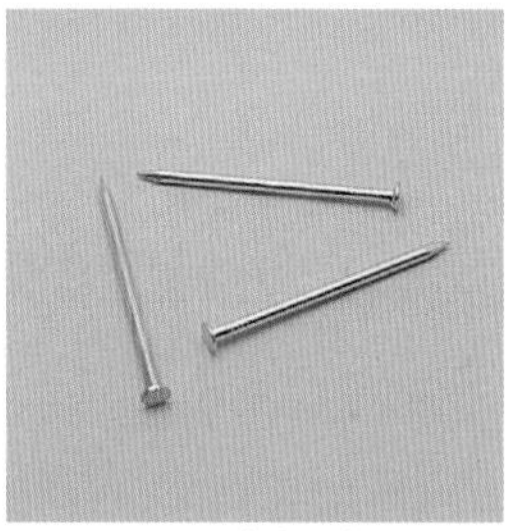
くぎ(鉄)

② □
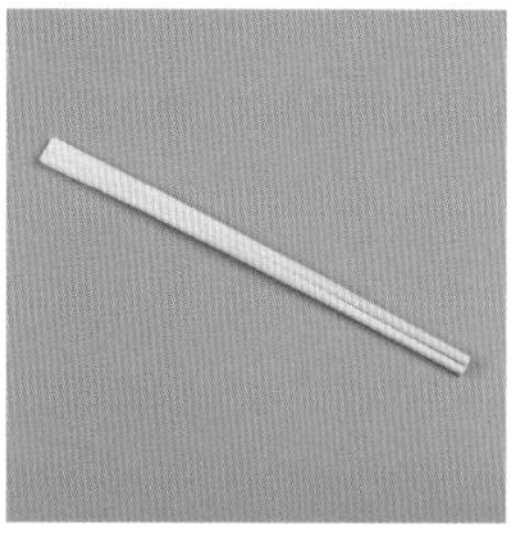
わりばし(木)

③ □
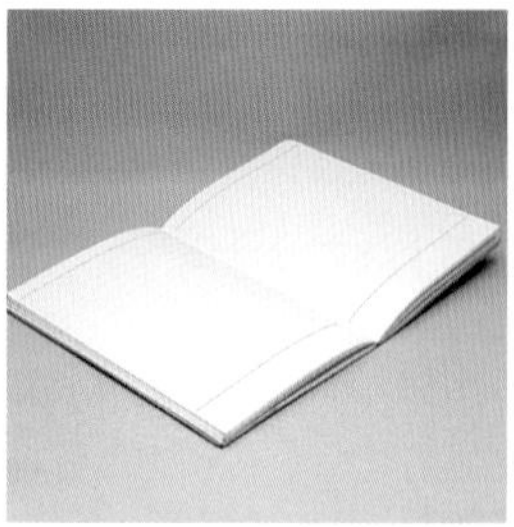
ノート(紙)

④ □

アルミニウムはく

⑤ □
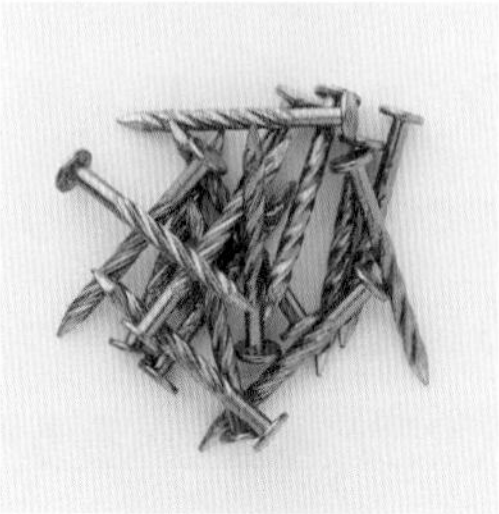
くぎ(銅)

⑥ □
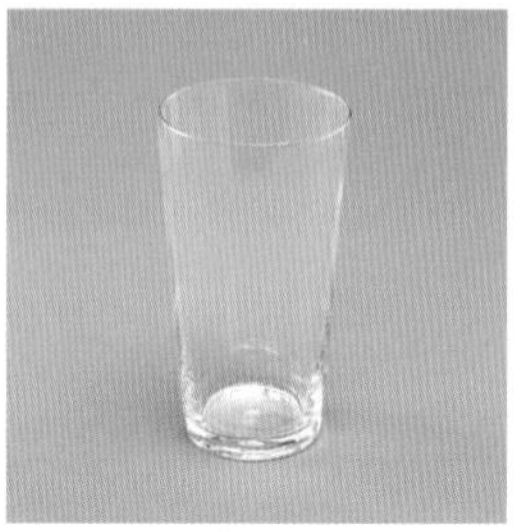
コップ(ガラス)

よく出る 2 電気を通すもの 次の図のように、豆電球、導線つきソケット、かん電池をつなげているわの間に、いろいろなものをつなぎました。あとの問いに答えましょう。 1つ5〔20点〕

㋐ □
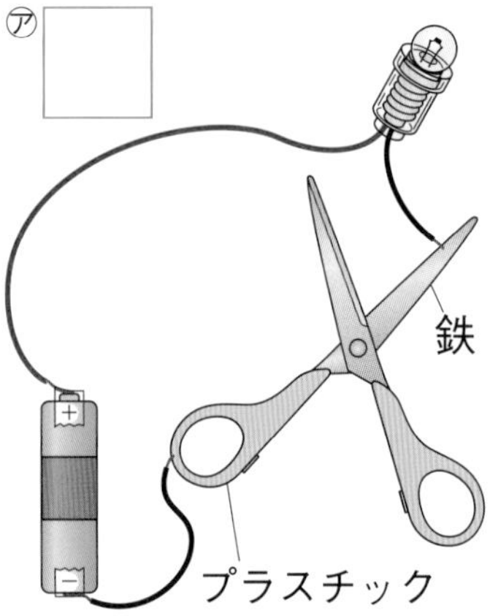
鉄
プラスチック

㋑ □
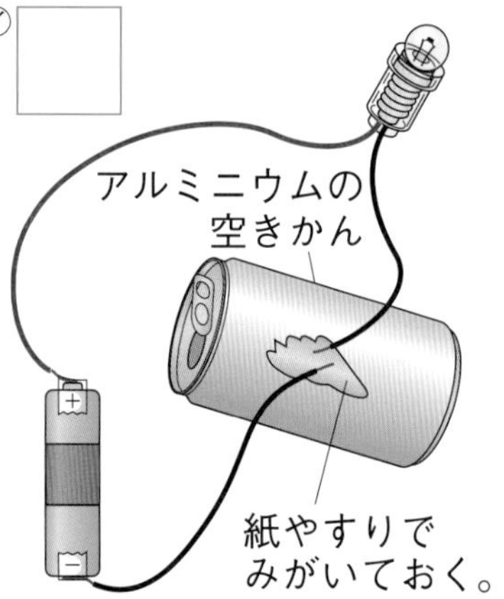
アルミニウムの空きかん
紙やすりでみがいておく。

㋒ □
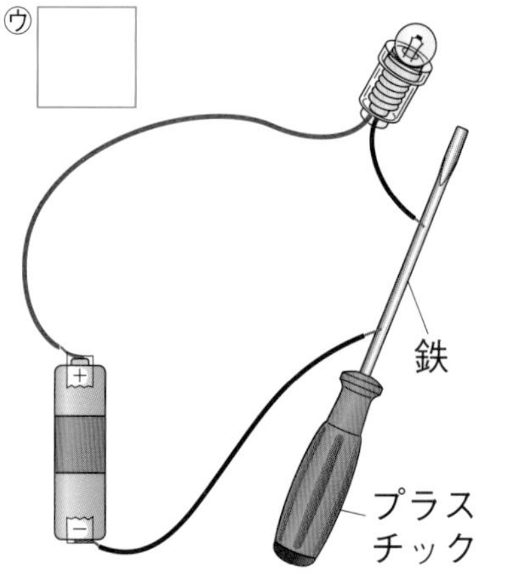
鉄
プラスチック

(1) 図の㋐～㋒のうち、豆電球に明かりがつくものには○、つかないものには×を□につけましょう。

(2) 次の文の(　)にあてはまる言葉を書きましょう。

鉄やアルミニウムなどの(　　　　)は、電気を通す。

3 電気を通すもの・通さないもの

次の図のように、豆電球、導線つきソケット、かん電池をつなげているわの間に、いろいろなものをつなぎました。あとの問いに答えましょう。

1つ6〔42点〕

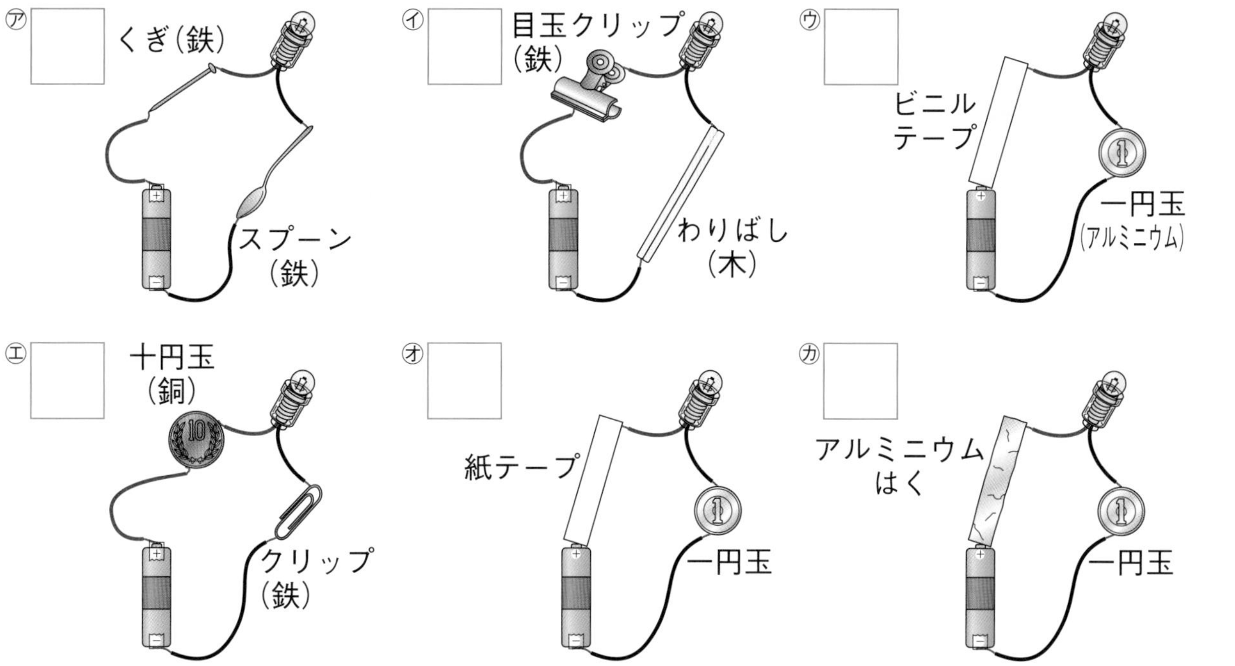
㋐
くぎ(鉄)
スプーン(鉄)
㋑
目玉クリップ(鉄)
わりばし(木)
㋒
ビニルテープ
一円玉(アルミニウム)
㋓
十円玉(銅)
クリップ(鉄)
㋔
紙テープ
一円玉
㋕
アルミニウムはく
一円玉

(1) ㋐～㋕のうち、明かりがつくものに○、つかないものに×を□につけましょう。

(2) 次の文のうち、正しいものをア、イからえらびましょう。（　　）

ア　回路の中に1つでも鉄やアルミニウムがあれば、明かりがつく。

イ　回路の中に1つでも電気を通さないものがあると、明かりはつかない。

チャレンジ! 4 豆電球を使ったおもちゃ

図の㋐、㋑のような、おもちゃを作りました。次の問いに答えましょう。

1つ4〔8点〕

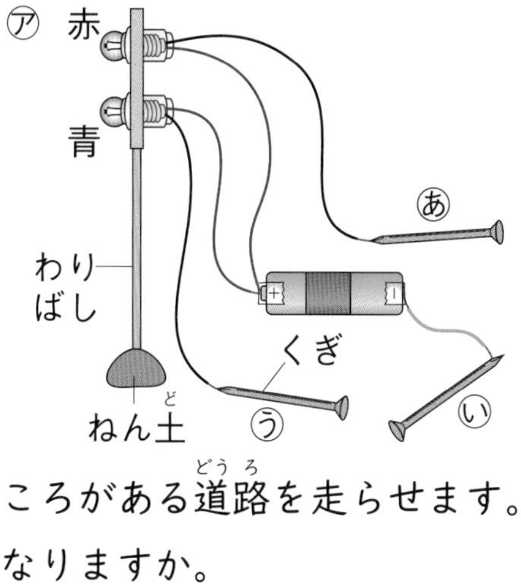
㋐
赤
青
わりばし
ねん土(ど)
あ
い
う
くぎ

(1) 図の㋐はしんごうのおもちゃです。赤しんごうをつけるには、あ～うのくぎのどれとどれをつなぎますか。（　　と　　）

記述 (2) 図の㋑はきゅう急(きゅう)車のおもちゃです。アルミニウムはくをはっているところと、はっていないところがある道路(どうろ)を走らせます。きゅう急車の明かりは、走っているときどのようになりますか。

（　　　　　　　　　　　　　　　　　　　　）

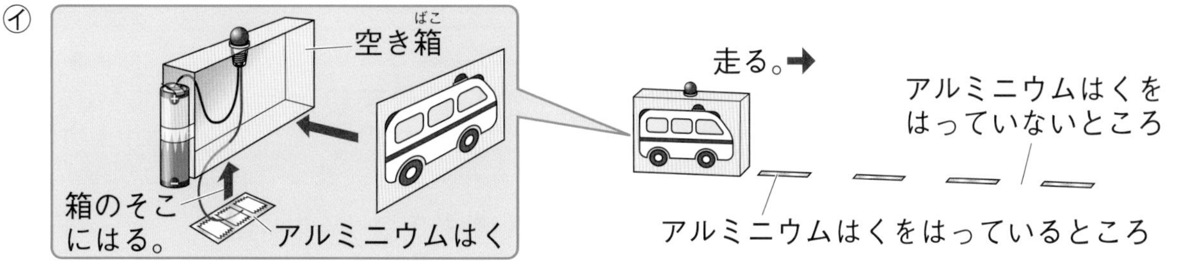
㋑
空き箱(ばこ)
箱のそこにはる。
アルミニウムはく
走る。➡
アルミニウムはくをはっていないところ
アルミニウムはくをはっているところ

1　じしゃくに引きつけられるもの①

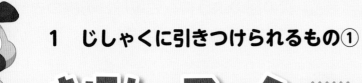

もくひょう
じしゃくのせいしつについて調べよう。

おわったら
シールを
はろう

きほんのワーク

教科書 152～161ページ　　答え 16ページ

図を見て、あとの問いに答えましょう。

1　じしゃくに引きつけられるもの

① くぎ（鉄）

② くぎ（銅）

③ コップ（ガラス）

④ クリップ（鉄）

じしゃくに引きつけられるものは、⑤（　銅　鉄　）でできている。

(1)　①～④のうち、じしゃくに引きつけられるものの□に〇をつけましょう。

(2)　じしゃくは何でできているものを引きつけますか。⑤の（　）のうち、正しいほうを◯でかこみましょう。

2　じしゃくと鉄のきょりをかえたとき

だんボール

だんボール
1まい

だんボール
2まい

だんボール
3まい

・じしゃくは、はなれていても鉄を
①（　引きつける　引きつけない　）。

・間に引きつけないものがあっても鉄を
②（　引きつける　引きつけない　）

・じしゃくと鉄のきょりが長くなると、引きつける力は
③（　強く　弱く　）なる。

●　じしゃくの力について、①～③の（　）のうち、正しいほうを◯でかこみましょう。

まとめ　〔　かわる　鉄　〕からえらんで（　）に書きましょう。

●じしゃくは①（　　　　　　）を引きつける。
●じしゃくと鉄のきょりがかわると、じしゃくが鉄を引きつける力は②（　　　　　　）。

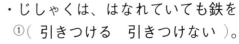
わくわくたんていだん　れいぞう庫のとびらや、ふで箱のふたがぴったりしまるのは、じしゃくが使われているからです。そのほかにも、身の回りではいろいろなところにじしゃくが使われています。

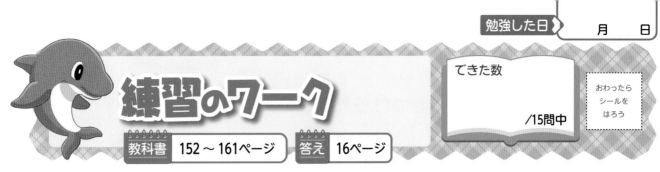

勉強した日　月　日

練習のワーク

教科書 152～161ページ　答え 16ページ

できた数　/15問中

おわったらシールをはろう

1　次の図のようないろいろなものにじしゃくを近づけたとき、じしゃくに引きつけられるかどうかを調べました。あとの問いに答えましょう。

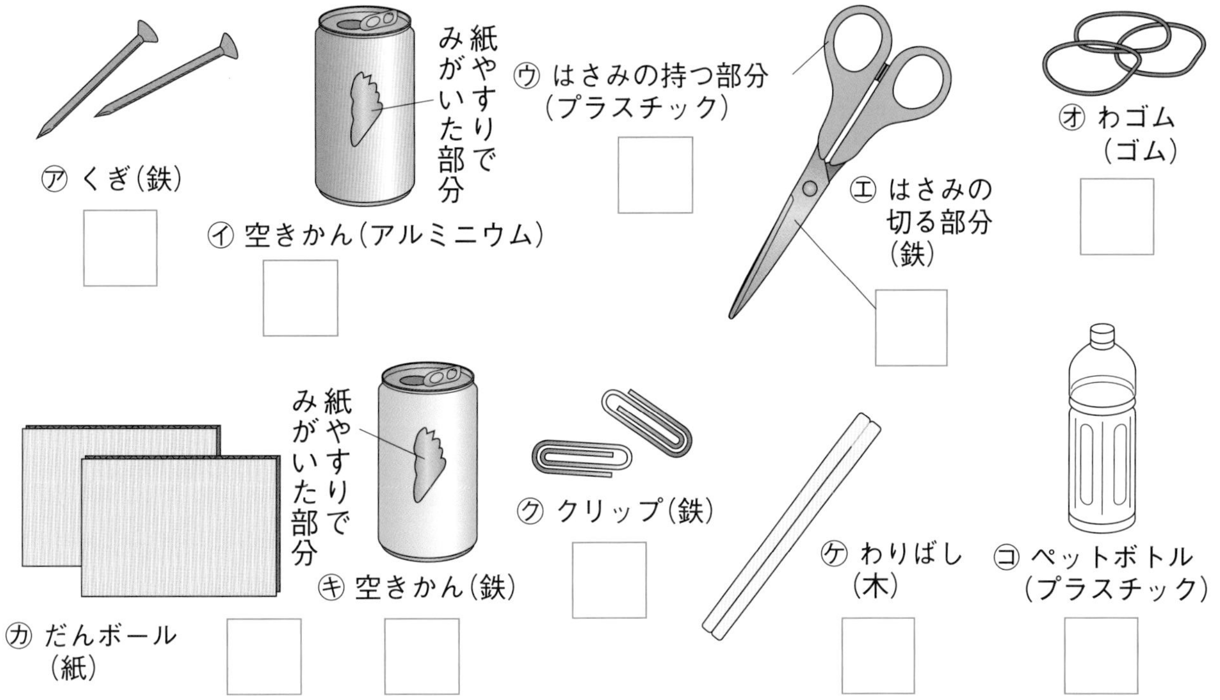

㋐ くぎ(鉄)
紙やすりでみがいた部分
㋑ 空きかん(アルミニウム)
㋒ はさみの持つ部分(プラスチック)
㋓ はさみの切る部分(鉄)
㋔ わゴム(ゴム)
㋕ だんボール(紙)
紙やすりでみがいた部分
㋖ 空きかん(鉄)
㋗ クリップ(鉄)
㋘ わりばし(木)
㋙ ペットボトル(プラスチック)

(1)　じしゃくに引きつけられるものには○、引きつけられないものには×を、㋐～㋙の□につけましょう。

(2)　じしゃくに引きつけられるものは、何でできていますか。（　　　　）

(3)　じしゃくをすなの中に入れると、黒いものがじしゃくに引きつけられました。この黒いものを何といいますか。（　　　　）

2　右の図のように、だんボール1まい～3まいを両面（りょうめん）テープでじしゃくにはり、鉄でできたクリップに近づけました。次の問いに答えましょう。

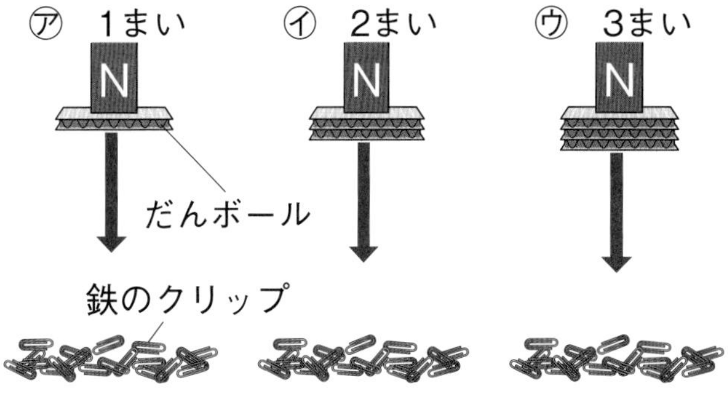

㋐ 1まい
㋑ 2まい
㋒ 3まい
N
N
N
だんボール
鉄のクリップ

(1)　もっとも多くのクリップが引きつけられるのはどれですか。図の㋐～㋒からえらびましょう。（　　　）

[記述] (2)　このけっかから、どのようなことがわかりますか。2つ書きましょう。

（　　　　）

（　　　　）

1　じしゃくに引きつけられるもの②

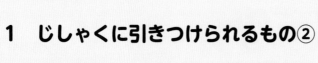

もくひょう・
じしゃくのきょくどうしを近づけたときのようすを調べよう。

おわったら
シールを
はろう

きほんのワーク

教科書　162～165ページ　　答え　16ページ

図を見て、あとの問いに答えましょう。

1　じしゃくのきょく

じしゃくの、鉄を強く引きつける部分を① [　　　] という。

② [　　] きょく ── N　　　S ── ③ [　　] きょく

● ①～③の [　] にあてはまる言葉やアルファベットを書きましょう。

2　じしゃくのきょくどうしを近づける

① [　　]　　　② [　　]　　　③ [　　]

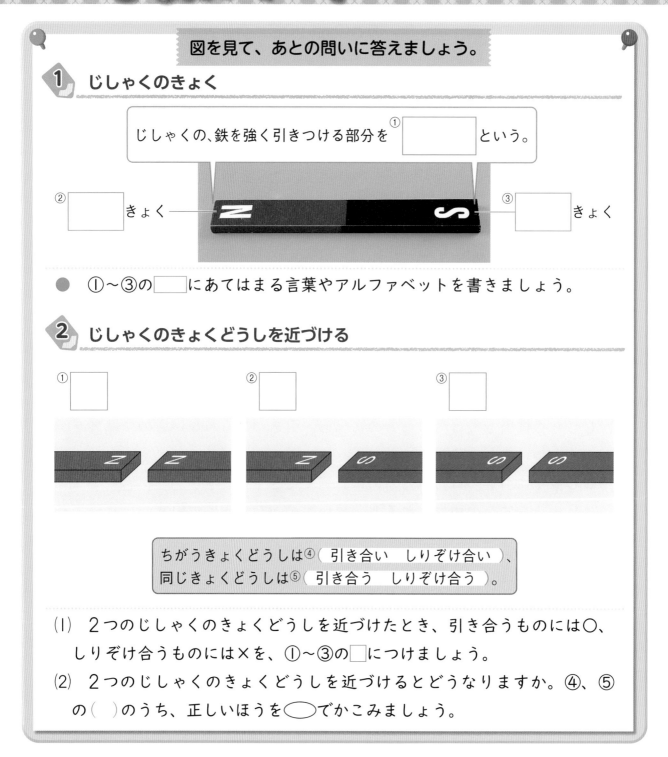

ちがうきょくどうしは④（ 引き合い　しりぞけ合い ）、
同じきょくどうしは⑤（ 引き合う　しりぞけ合う ）。

(1)　2つのじしゃくのきょくどうしを近づけたとき、引き合うものには○、
　しりぞけ合うものには×を、①～③の [ ] につけましょう。

(2)　2つのじしゃくのきょくどうしを近づけるとどうなりますか。④、⑤
　の（ ）のうち、正しいほうを ◯ でかこみましょう。

まとめ　〔 N　S　引き　しりぞけ 〕からえらんで（ ）に書きましょう。

● じしゃくには①（　　　　　）きょくと②（　　　　　）きょくの2つのきょくがあり、同じ
　きょくどうしは③（　　　　　）合い、ちがうきょくどうしは④（　　　　　）合う。

 はってん　地球は大きな1つのじしゃくになっています。北きょくの近くがSきょく、南きょくの近くがNきょくになっているので、ほういじしんのNきょくが北、Sきょくが南をさします。

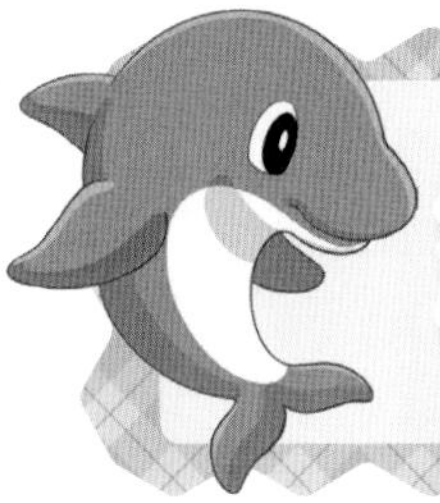

練習のワーク

教科書 162～165ページ　答え 16ページ

できた数 /9問中

おわったら シールを はろう

1　右の図は、じしゃくで鉄のクリップを引きつけたときのようすです。次の問いに答えましょう。

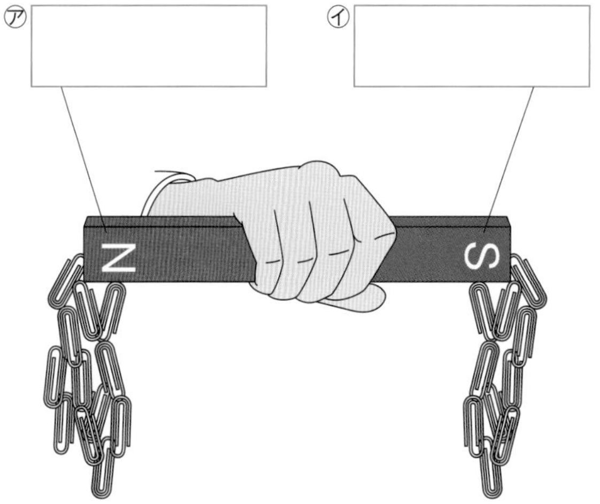

(1)　図のように、鉄を強く引きつけるじしゃくのはしの部分を何といいますか。

（　　　　　）

(2)　図の㋐と㋑の部分をそれぞれ何といいますか。□に名前を書きましょう。

2　右の図のようにして、じしゃくとじしゃくを近づけました。次の問いに答えましょう。

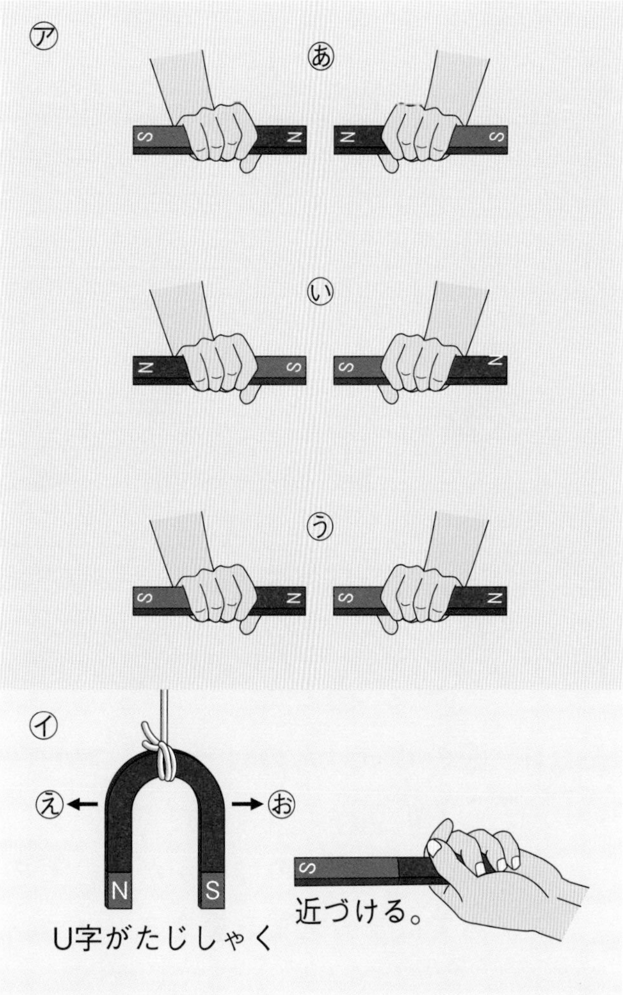

(1)　図の㋐で、じしゃくが引き合うものを、[あ]～[う]からえらびましょう。

（　　　）

(2)　図の㋐で、じしゃくがしりぞけ合うものを、[あ]～[う]から２つえらびましょう。

（　　　）（　　　）

(3)　図の㋑のように、ひもでつるしたU(ユー)字がたじしゃくにべつのじしゃくを近づけたとき、ひもでつるしたU字がたじしゃくが動く向きを、[え]、[お]からえらびましょう。

（　　　）

(4)　(1)～(3)からわかることについて、次の文の（　）にあてはまる言葉を書きましょう。

じしゃくは、ちがうきょくどうしを近づけると①（　　　　　）合い、同じきょくどうしを近づけると②（　　　　　）合う。

2　じしゃくと鉄

きほんのワーク

もくひょう
じしゃくに近づけた鉄
は、じしゃくになるの
か調べよう。

おわったら
シールを
はろう

教科書 166～173ページ　答え 17ページ

図を見て、あとの問いに答えましょう。

1 じしゃくに近づけた鉄

じしゃくに近づけた鉄くぎ

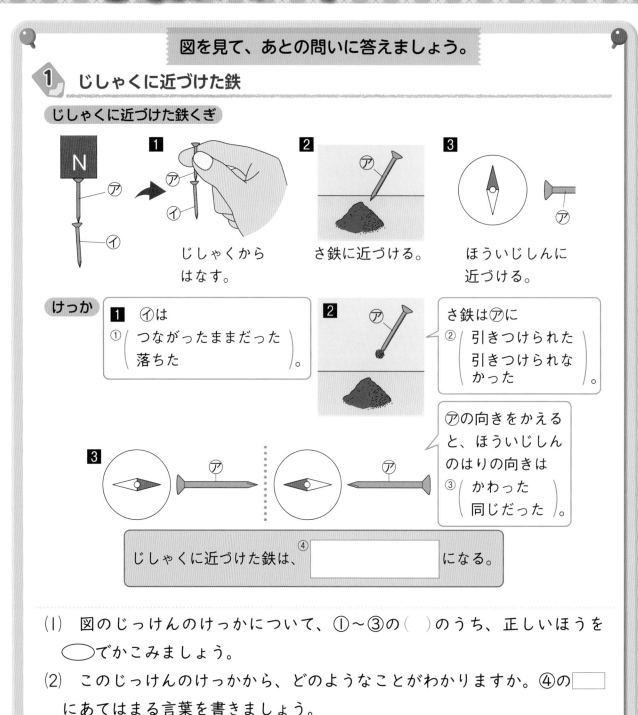

1 じしゃくから
はなす。

2 さ鉄に近づける。

3 ほういじしんに
近づける。

けっか

1 ①イは
（つながったままだった
落ちた）。

2 さ鉄はアに
②（引きつけられた
引きつけられな
かった）。

アの向きをかえる
と、ほういじしん
のはりの向きは
③（かわった
同じだった）。

じしゃくに近づけた鉄は、④[　　　　　　　]になる。

(1) 図のじっけんのけっかについて、①～③の（　）のうち、正しいほうを
◯でかこみましょう。

(2) このじっけんのけっかから、どのようなことがわかりますか。④の[　]
にあてはまる言葉を書きましょう。

まとめ 〔 ある　じしゃく 〕からえらんで（　）に書きましょう。

● じしゃくに近づけた鉄くぎは、鉄を引きつけ、Nきょくやトょきょくが①（　　　　　　）。
● じしゃくに近づけた鉄くぎは、②（　　　　　　）になる。

はってん　じしゃくを2つに切ると、Nきょくと反対がわのはし（切り口）がSきょくに、もとのSきょ
くの反対がわのはし（切り口）がNきょくになります。2つのじしゃくができるのです。

教科書 166〜173ページ　答え 17ページ

1 次の図のように、じしゃくについた鉄くぎ㋐を、しずかにじしゃくからはなした後、鉄くぎ㋐をさ鉄に近づけました。あとの問いに答えましょう。

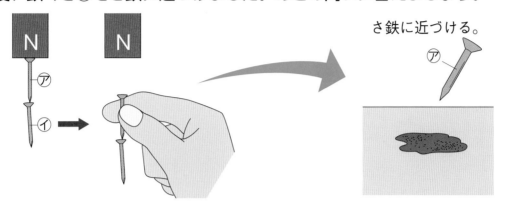

さ鉄に近づける。

⑴ 鉄くぎ㋐をしずかにじしゃくからはなしたとき、鉄くぎ㋑は、どうなりますか。①、②のうち、正しいほうに〇をつけましょう。

①（　　　）㋐からはなれて下に落ちる。

②（　　　）㋐につながったまま、落ちない。

記述 ⑵ じしゃくからはなした鉄くぎ㋐を、さ鉄に近づけると、どうなりますか。

（　　　　　　　　　　　　　　　　　　　　　　　　　　　　　　）

⑶ 次の図のように、鉄くぎ㋐の頭のほう（あ）をほういじしんに近づけたり、とがったほう（い）を近づけたりしたとき、ほういじしんのはりのふれる向きはどうなりますか。①、②のうち、正しいほうに〇をつけましょう。

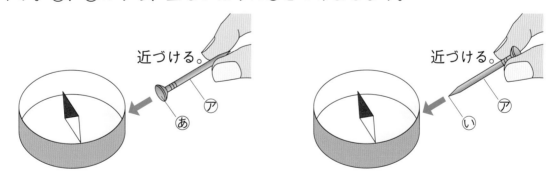

近づける。　　　　　　　　　　　　　近づける。

①（　　　）あを近づけても、いを近づけても、はりのふれる向きは同じになる。

②（　　　）あを近づけたときと、いを近づけたときでは、はりのふれる向きがかわる。

⑷ ⑶より、鉄くぎ㋐には何があるとわかりますか。　　（　　　　　　　　　　　）

⑸ ⑴〜⑷より、じしゃくに近づけた鉄くぎは、何になったといえますか。

（　　　　　　　　　　　　　）

勉強した日　月　日

まとめのテスト①

10　じしゃくのふしぎ

とく点　/100点

おわったらシールをはろう

時間 20分

教科書 152～173ページ　答え 17ページ

よく出る **1** **じしゃくに引きつけられるもの**　次の図で、じしゃくに引きつけられるものには○、引きつけられないものには×を、□につけましょう。　1つ4〔20点〕

① □　② □　③ □　④ □　⑤ □

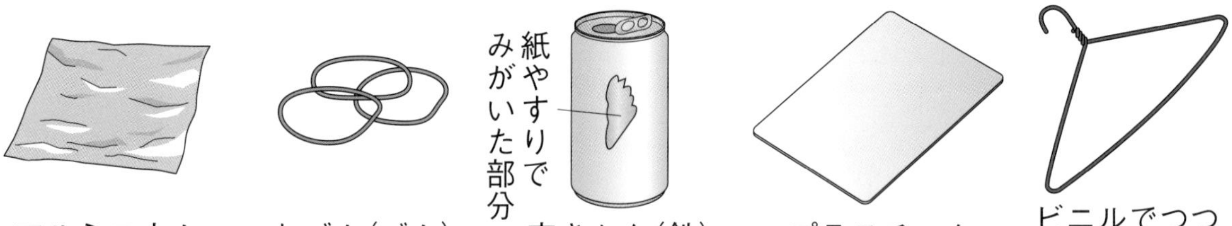

アルミニウムはく　わゴム（ゴム）　空きかん（鉄）　プラスチックの下じき　ビニルでつつまれた鉄のはり金のハンガー

よく出る **2** **じしゃくの2つのきょく**　ぼうじしゃくを、次の図のように近づけます。引き合うものには○、しりぞけ合うものには×を、□につけましょう。　1つ4〔16点〕

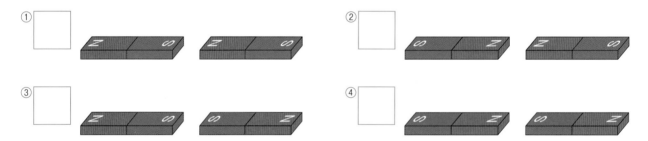

① □　② □　③ □　④ □

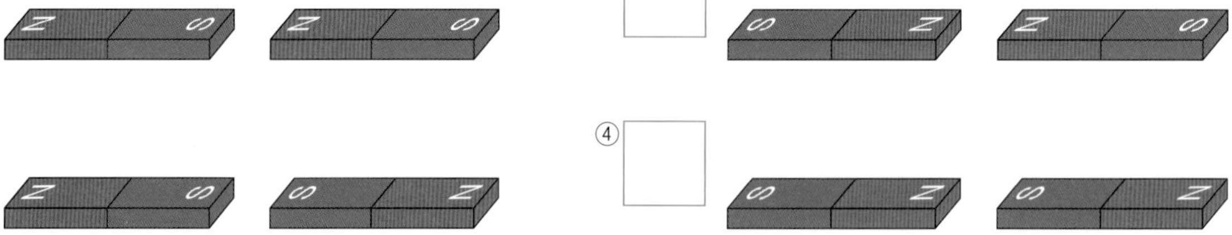

3 **じしゃくのせいしつ**　じしゃくについて書かれた次の文のうち、正しいものには○、まちがっているものには×をつけましょう。　1つ4〔32点〕

①（　　）じしゃくは、どんな金ぞくでも引きつける。
②（　　）じしゃくは、鉄を引きつける。
③（　　）じしゃくのNきょくとNきょくを近づけると、引き合う。
④（　　）じしゃくのSきょくとSきょくを近づけると、しりぞけ合う。
⑤（　　）じしゃくのNきょくとSきょくを近づけると、引き合う。
⑥（　　）じしゃくの真（ま）ん中が、鉄を引きつける力がもっとも強い。
⑦（　　）じしゃくには、かならずNきょくとSきょくがある。
⑧（　　）鉄くぎにうすい紙をまきつけてじしゃくに近づけると、じしゃくは鉄くぎを引きつけない。

チャレンジ! 4 じしゃくのきょく 次の図のようにして、ぼうじしゃくや丸い形のじしゃくを水にうかべました。あとの問いに答えましょう。

1つ4〔16点〕

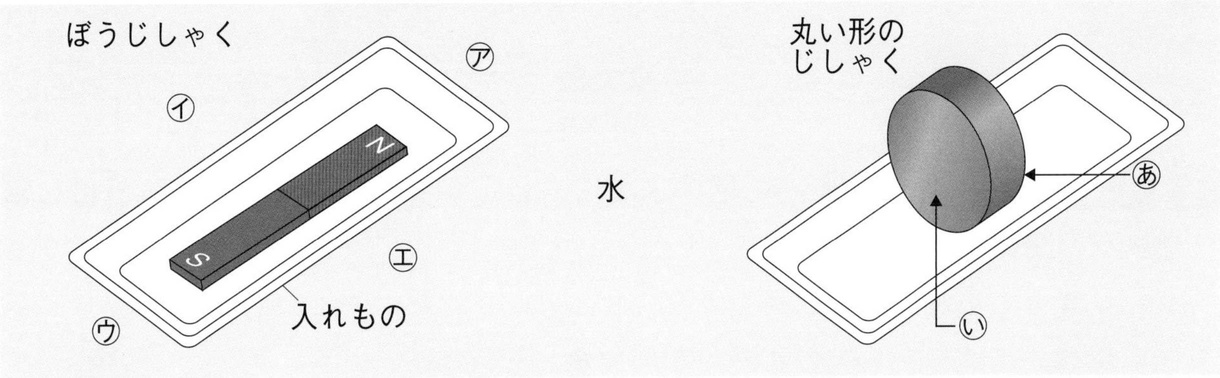

(1) ぼうじしゃくをのせた入れものを水にうかべてしばらくすると、上の図のように止まりました。北の方向はどちらですか。図の㋐～㋓からえらびましょう。

(　　　)

(2) 丸い形のじしゃくをのせた入れものを水にうかべてしばらくすると、上の図のように止まりました。[あ]、[い]はそれぞれ何きょくですか。

[あ](　　　)　[い](　　　)

(3) 水にうかべたぼうじしゃくのSきょくの近くに、べつのじしゃくのNきょくを近づけました。水にうかべたぼうじしゃくはどうなりますか。次の文のうち、正しいものに○をつけましょう。

①(　　)ぼうじしゃくのSきょくは、近づけたじしゃくからはなれる。

②(　　)ぼうじしゃくのSきょくは、近づけたじしゃくと引き合う。

③(　　)ぼうじしゃくのSきょくは、動かない。

5 じしゃくになるもの 図1のように、鉄くぎをぼうじしゃくで➡の向きに何回かこすりました。次の問いに答えましょう。

1つ4〔16点〕

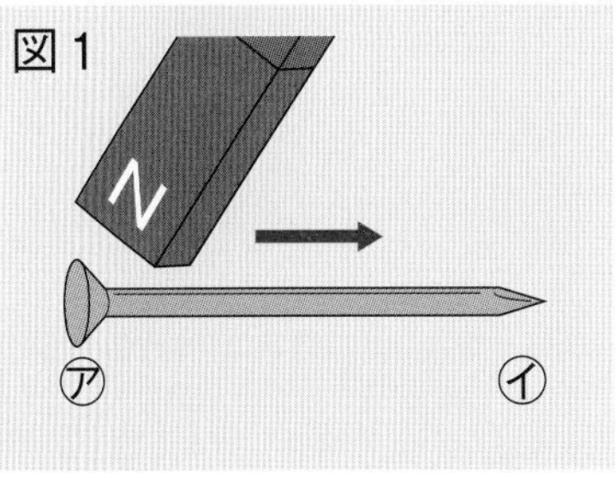

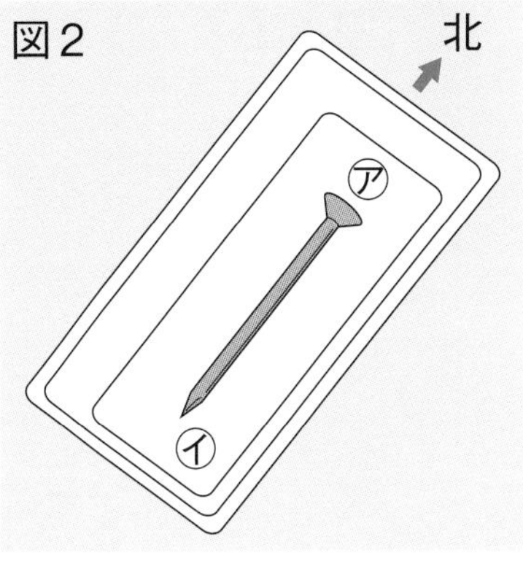

[記述] (1) じしゃくでこすった鉄くぎを、鉄のクリップに近づけると、どうなりますか。

(　　　)

(2) じしゃくでこすった鉄くぎを水にうかべると、図2のように、㋐が北をさして止まりました。㋐、㋑はそれぞれ何きょくになっていますか。

㋐(　　　)　㋑(　　　)

(3) (1)、(2)から、じしゃくでこすった鉄くぎは、じしゃくになっているといえますか、いえませんか。

(　　　)

勉強した日　　月　　日

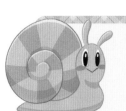

まとめのテスト②

10　じしゃくのふしぎ

とく点　　/100点

おわったら シールを はろう

時間 20分

教科書 152～173ページ　答え 18ページ

1 じしゃくのせいしつ **右の図のように、じしゃくを自由(じゆう)に動けるようにしました。次の問いに答えましょう。** 1つ8〔16点〕

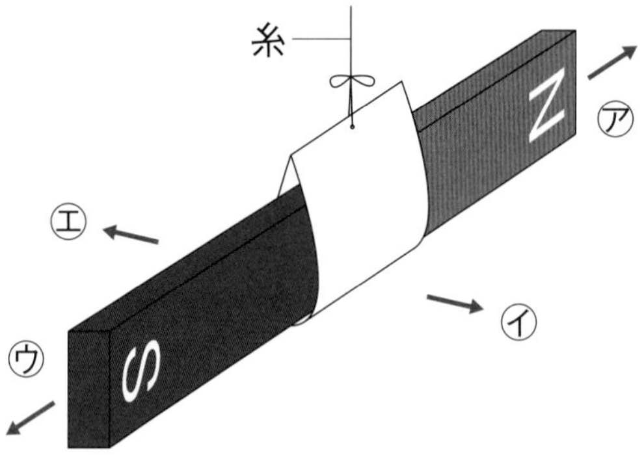

(1) しばらくすると、右の図のように止まりました。北は、㋐～㋓のどの向きですか。

（　　　）

(2) Sきょくに、ほかのじしゃくのNきょくを近づけると、どうなりますか。次の文のうち、正しいものに○をつけましょう。

①（　　　）近づけたじしゃくからはなれる。

②（　　　）近づけたじしゃくと引き合う。

2 じしゃくの力 **右の図のように、じしゃくと鉄のクリップの間をあけたとき、じしゃくがクリップを引きつけるか調べました。次の問いに答えましょう。** 1つ6〔18点〕

㋐

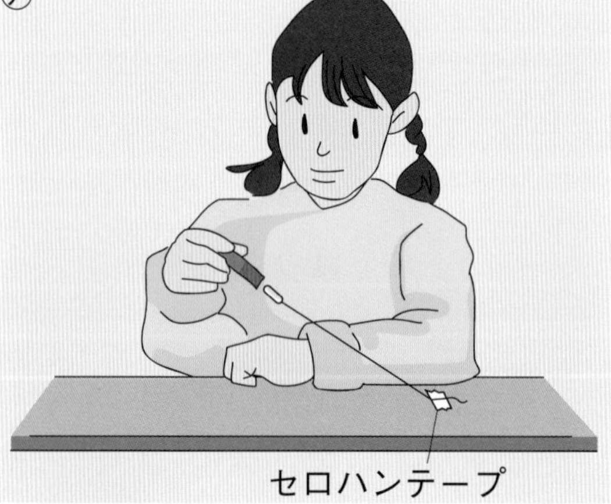

㋑

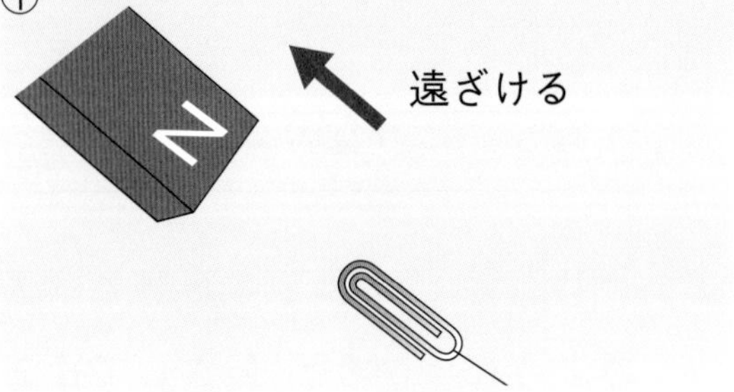

(1) 図の㋐で、じしゃくとクリップの間は5mmほどはなれています。このことから、どんなことがいえますか。次の文のうち、正しいほうに○をつけましょう。

①（　　　）じしゃくは、はなれていても鉄を引きつける。

②（　　　）じしゃくは、はなれていると鉄を引きつけない。

(2) 図の㋑のように、じしゃくをクリップから遠ざけていくと、クリップはどうなりますか。正しいほうに○をつけましょう。

①（　　　）そのまま動かない。　②（　　　）下に落ちる。

(3) (2)からわかることについて、次の文の（　）にあてはまる言葉を書きましょう。

じしゃくが鉄を引きつける力は、じしゃくと鉄のきょりがかわると、（　　　　　　）。

チャレンジ! SDGs

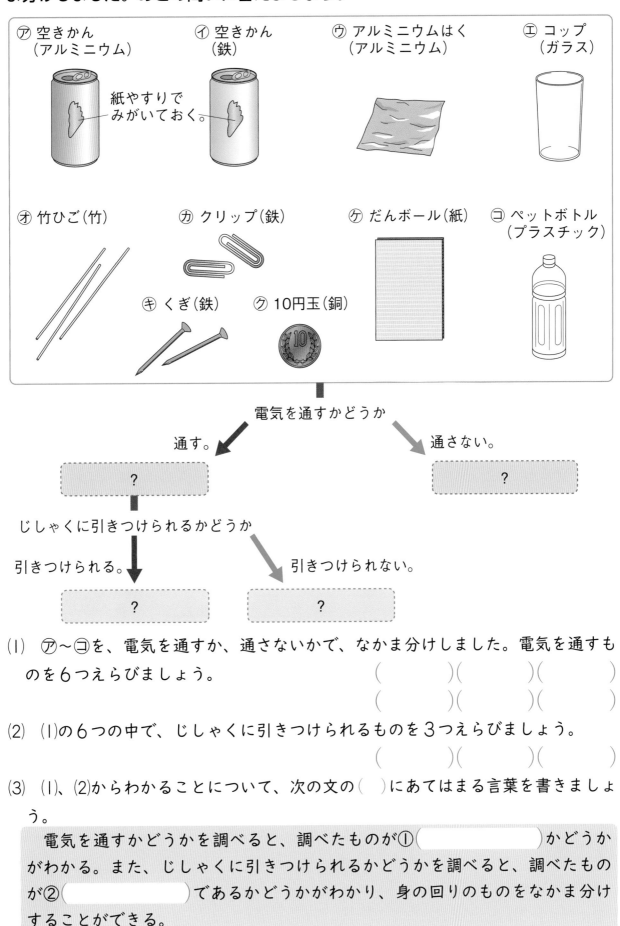

3 電気とじしゃくを使ったなかま分け

身の回りのものを、次の図のようになかま分けしました。あとの問いに答えましょう。　1つ6〔66点〕

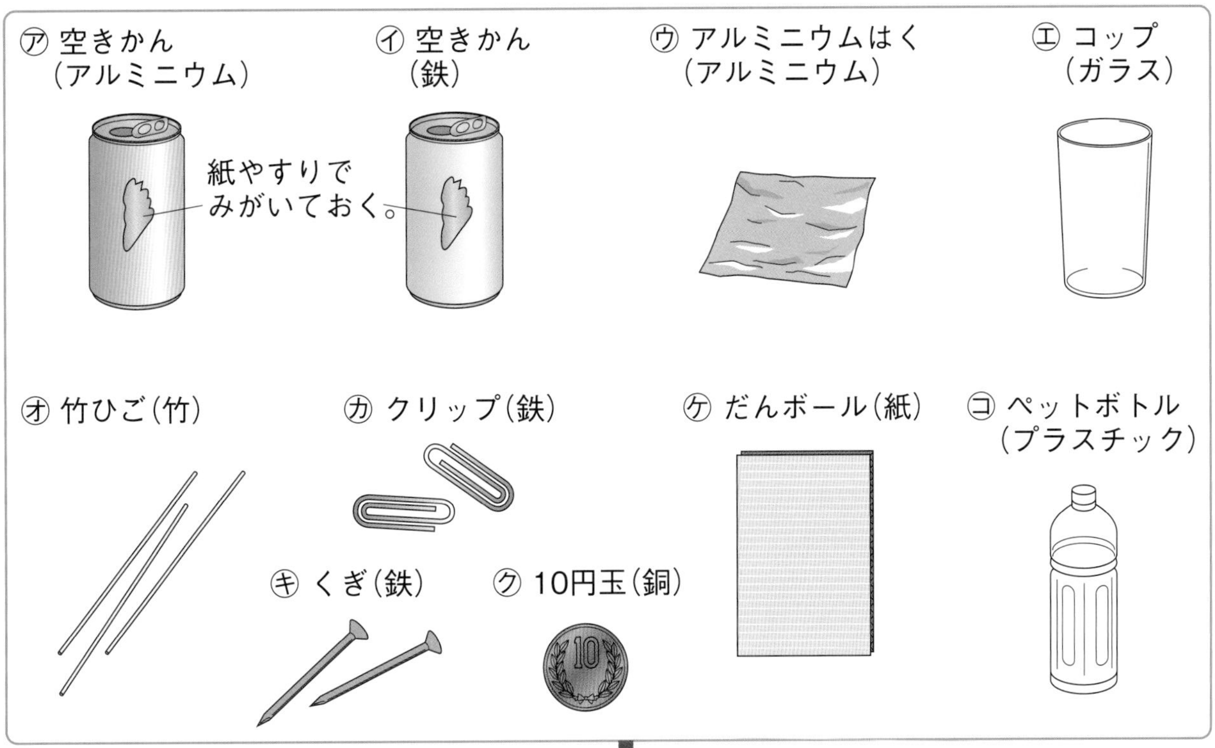

㋐ 空きかん（アルミニウム）
㋑ 空きかん（鉄）
紙やすりでみがいておく。
㋒ アルミニウムはく（アルミニウム）
㋓ コップ（ガラス）
㋔ 竹ひご（竹）
㋕ クリップ（鉄）
㋖ くぎ（鉄）
㋗ 10円玉（銅）
10
㋘ だんボール（紙）
㋙ ペットボトル（プラスチック）

電気を通すかどうか

通す。→ ？

通さない。→ ？

じしゃくに引きつけられるかどうか

引きつけられる。→ ？

引きつけられない。→ ？

(1)　㋐～㋙を、電気を通すか、通さないかで、なかま分けしました。電気を通すものを6つえらびましょう。

（　　　）（　　　）（　　　）
（　　　）（　　　）（　　　）

(2)　(1)の6つの中で、じしゃくに引きつけられるものを3つえらびましょう。

（　　　）（　　　）（　　　）

(3)　(1)、(2)からわかることについて、次の文の（　）にあてはまる言葉を書きましょう。

電気を通すかどうかを調べると、調べたものが①（　　　　）かどうかがわかる。また、じしゃくに引きつけられるかどうかを調べると、調べたものが②（　　　　）であるかどうかがわかり、身の回りのものをなかま分けすることができる。

1 もののしゅるいと重さ
2 ものの形と重さ

もくひょう
もののしゅるいや形によって重さがどうなるのか調べよう。

おわったらシールをはろう

きほんのワーク

教科書 174〜185、192、199ページ　答え 18ページ

図を見て、あとの問いに答えましょう。

① もののしゅるいと重さ

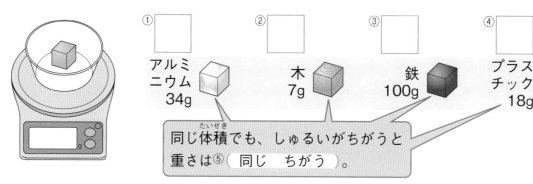

① □　アルミニウム 34g
② □　木 7g
③ □　鉄 100g
④ □　プラスチック 18g

同じ体積でも、しゅるいがちがうと重さは⑤（ 同じ　ちがう ）。

(1) 同じ体積のアルミニウム、木、鉄、プラスチックの重さをはかりました。重いじゅんに、①〜④の□に1〜4の番号を書きましょう。

(2) ものの体積が同じとき、しゅるいがちがうと、ものの重さはどうなりますか。⑤の（ ）のうち、正しいほうを◯でかこみましょう。

② ものの形と重さ

ねん土

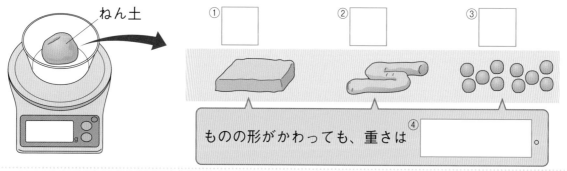

① □　② □　③ □

ものの形がかわっても、重さは④ □ 。

(1) ねん土の形をかえると、重さはどうなりますか。重くなるときは◯、軽くなるときは×、かわらないときは△を、①〜③の□につけましょう。

(2) ものの形がかわると、重さはどうなりますか。④の□に書きましょう。

まとめ 〔 ちがう　かわらない 〕からえらんで（ ）に書きましょう。

● 同じ体積でも、もののしゅるいがちがうと、ものの重さは①（　　　　　　　　　　）。

● 形がかわっても、小さく分けても、全体のものの重さは②（　　　　　　　　　　）。

 **はってん** 金ぞくには鉄やアルミニウムのほかにも、金、銀、銅などたくさんのしゅるいがあり、そのしゅるいによって重さがちがいます。中でも、金はとても重い金ぞくです。

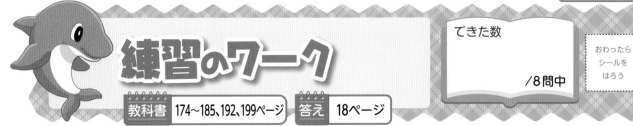

練習のワーク

教科書 174〜185、192、199ページ　答え 18ページ

1 次の図のように、同じ体積のアルミニウム、鉄、プラスチック、木の重さを、はかりで調べました。表は、そのときのけっかを表しています。あとの問いに答えましょう。

アルミニウム　鉄　プラスチック　木

はかり

もの	アルミニウム	鉄	プラスチック	木
重さ	143g	420g	75g	23g

(1) ものの重さは、次の①、②のような記号のたんいで表します。それぞれの読み方をカタカナで書きましょう。

① g （　　　　　）
② kg （　　　　　）

(2) 1kgは何gですか。 （　　　　　）

(3) ものの体積と重さについて、正しいものには○、まちがっているものには×をつけましょう。

①（　）体積が同じなら、木とアルミニウムの重さは同じになる。
②（　）体積が同じなら、鉄とアルミニウムの重さは同じになる。
③（　）体積は同じでも、木とプラスチックの重さはちがう。

2 右の図のように、まいたときの重さが3gであったアルミニウムはくを丸めたり、小さく切り分けたりして重さをはかりました。次の問いに答えましょう。

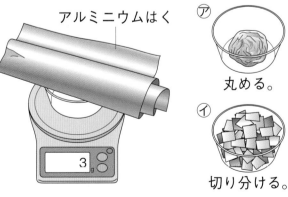

アルミニウムはく　⑦　丸める。　⑦　切り分ける。

(1) ⑦のように丸めたとき、重さはどうなりますか。次のア〜ウからえらびましょう。 （　　　　　）
ア 3gより重い。　イ 3gより軽い。　ウ 3gのままかわらない。

(2) ⑦のように切り分けたとき、重さはどうなりますか。(1)のア〜ウからえらびましょう。 （　　　　　）

85

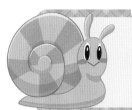

まとめのテスト

11　ものの重さ

とく点　/100点

おわったらシールをはろう

時間 20分

教科書 174～185、192、199ページ　答え 18ページ

よく出る **1** **もののしゅるいと重さ** 同じ体積の鉄、アルミニウム、木、プラスチックの重さをはかりではかったところ、次の表のようになりました。あとの問いに答えましょう。

1つ7〔35点〕

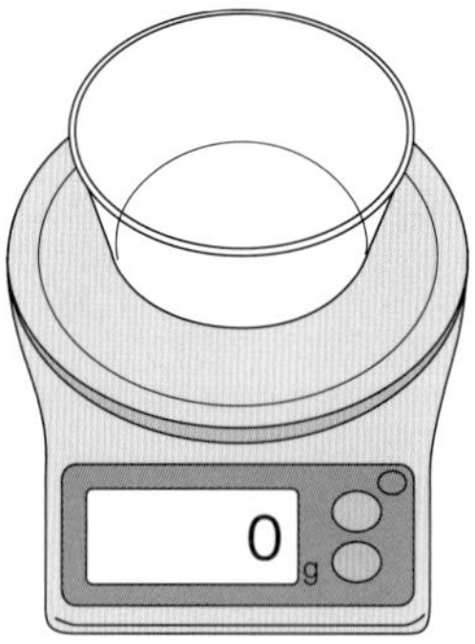

はかり

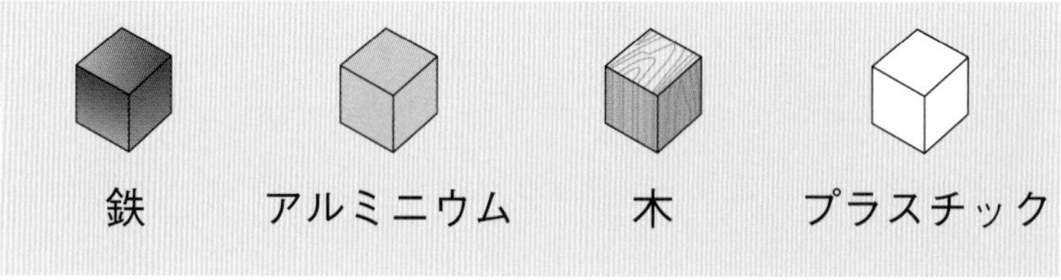

鉄	アルミニウム	木	プラスチック
300g	102g	21g	54g

(1)　はかりでものの重さをはかるとき、はかりを水平(すいへい)なところにおいた後、数字を0にします。はかるものを入れものに入れる場合、数字を0にするのは、入れものをのせる前ですか、のせた後ですか。（　　　　）

(2)　次の文のうち、正しいものには○、まちがっているものには×をつけましょう。

①（　　）同じ体積のとき、木よりもプラスチックのほうが重い。

②（　　）同じ体積のとき、アルミニウムよりも木のほうが重い。

③（　　）同じ体積のとき、鉄よりも木のほうが重い。

④（　　）同じ体積でも、もののしゅるいによって重さがちがう。

2 **もののせ方と重さ** 右の図のように、ねん土ののせ方をかえて、重さをはかりました。次の問いに答えましょう。

1つ5〔10点〕

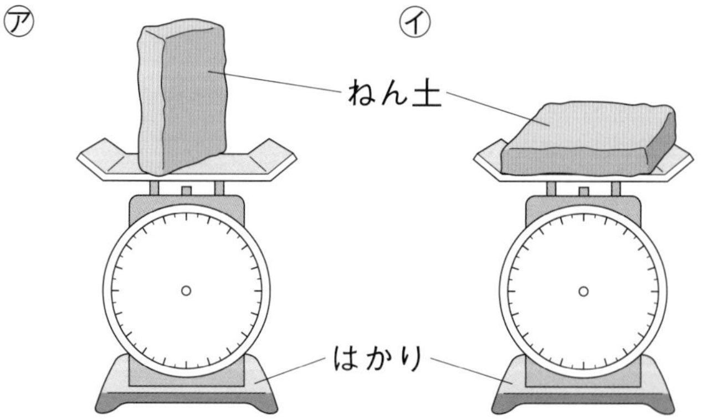

(1)　㋐と㋑の重さについて正しいものを、次のア～ウからえらびましょう。（　　　）

ア　㋐のほうが重い。　　イ　㋑のほうが重い。　　ウ　㋐も㋑も同じ。

[記述] (2)　このじっけんから、どのようなことがわかりますか。

（　　　　　　　　　　　　　　　　）

3 ものの形と重さ

100gのねん土の形をかえたり、いくつかに分けたりして、重さをはかり、ものの重さと形について調べました。あとの問いに答えましょう。

1つ5〔55点〕

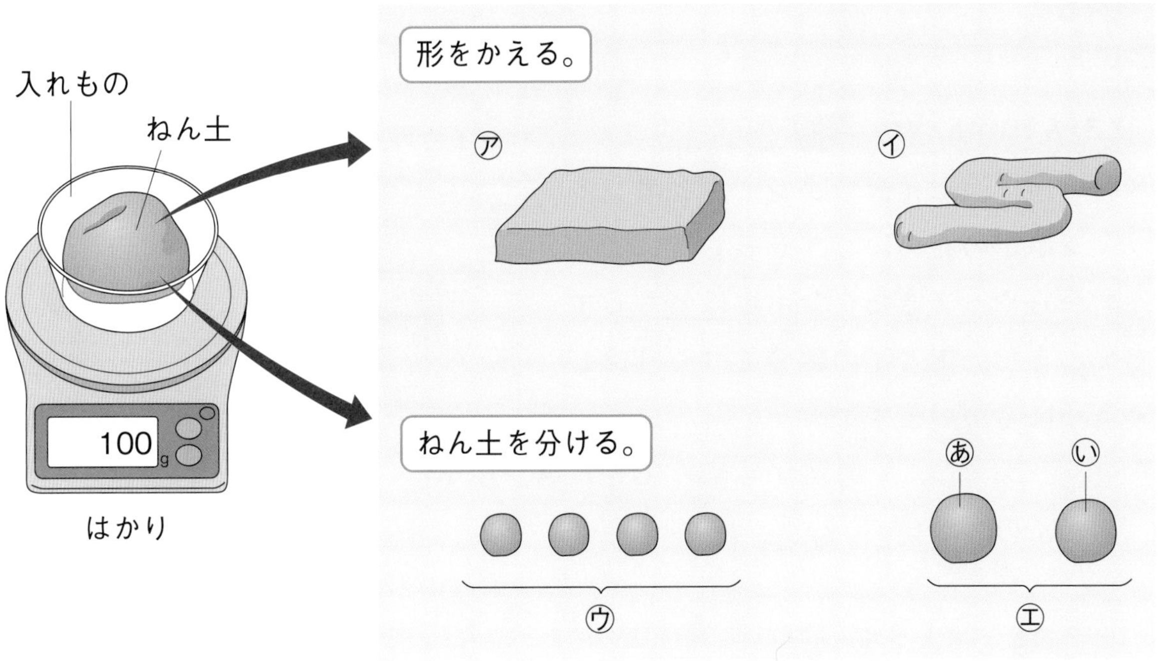

(1) 丸いねん土の形を㋐や㋑のようにかえて重さをはかりました。それぞれの重さは何gになりますか。

㋐(　　　　　)

㋑(　　　　　)

(2) (1)より、ねん土の形をかえたとき、重さはかわりますか、かわりませんか。

(　　　　　)

(3) 丸いねん土を㋒のように4つに分けました。この4つをいっしょにはかりにのせて重さをはかると何gになりますか。

(　　　　　)

(4) (3)より、ねん土をいくつかに分けたとき、全体の重さはかわりますか、かわりませんか。

(　　　　　)

(5) 丸いねん土を、㋓のように[あ]と[い]の2つに分けました。[あ]だけの重さをはかったら55gでした。[い]だけの重さをはかると何gになりますか。

(　　　　　)

(6) はかりの使い方とものの重さについて、次の文のうち、正しいものには○、まちがっているものには×をつけましょう。

①(　　　)はかりは、水平なところにおく。

②(　　　)入れものに入れてものの重さをはかるときは、入れものをはかりにのせる前に数字を0にする。

③(　　　)重さをはかるものをはかりにのせるときは、しずかにのせる。

④(　　　)重さを表すたんいには、gやcmなどがある。

⑤(　　　)1kgは1000gである。

プラスワーク

おわったら
シールを
はろう

答え 19ページ

 1 しぜんのかんさつ 教科書 11ページ

　右の図は、セイヨウタンポポとカント
ウタンポポの花のようすを表しています。
外国からやってきたタンポポはどちらで
すか。また、㋐と㋑の部分のつくりはど
のようにちがいますか。

セイヨウタンポポ　　カントウタンポポ

外国からやってきたタンポポ（　　　　　　　　）

㋐と㋑のちがい（

2 地面のようすと太陽 教科書 110〜118ページ

　ある日の校庭で、りかさんのかげをかん
さつすると、右の図のようになっていまし
た。りかさんがかげをかんさつしたのは、
午前10時と午後4時のどちらですか。理
由も書きましょう。

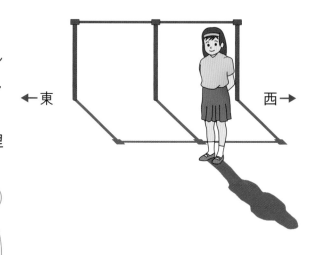

← 東　　　　　　西 →

時こく（　　　　　　　　）

理由（

 3 電気の通り道　　じしゃくのふしぎ

教科書 138〜173ページ　ごみ箱に入っているアル
ミニウムの空きかんと鉄の空きかんを分け
るために使う道具として正しいものは、右
の図の㋐と㋑のどちらですか。えらんだ理
由も書きましょう。

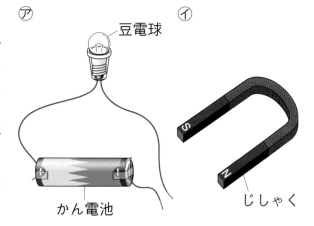

㋐　　　　　　　　㋑

豆電球

かん電池

じしゃく

道具（　　　　　　）

理由（

教科書ワーク

答えとてびき

「答えとてびき」は、とりはずすことができます。

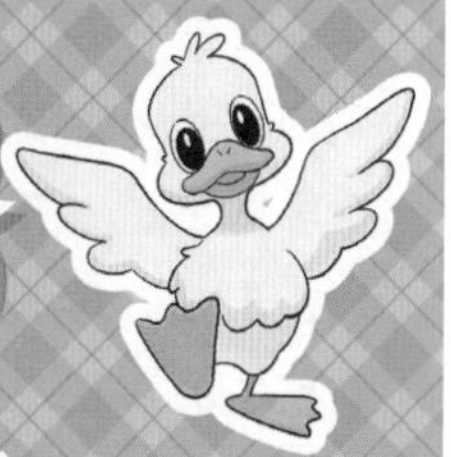

大日本図書版

理科 3年

使い方

まちがえた問題は、もう一度よく読んで、なぜまちがえたのかを考えましょう。正しい答えを知るだけでなく、なぜそうなるかを考えることが大切です。

1 しぜんのかんさつ

2ページ きほんのワーク

1 (1)①タンポポ（セイヨウタンポポ）
②モンシロチョウ
③ナナホシテントウ
(2)④色

2 (1)①目
(2)②「見るもの」に◯

まとめ ①色 ②形 ③大きさ
（①～③順不同）

3ページ 練習のワーク

1 (1)ナナホシテントウ (2)虫めがね
(3)㋑色 ㋒形 ㋓大きさ

2 (1)㋐ノゲシ ㋑セイヨウタンポポ
㋒モンシロチョウ ㋓ベニシジミ
(2)ア (3)イ、ウ

てびき **1** (2)小さなものなどをかんさつするときは、虫めがねを使うと大きく見えます。

(3)かんさつカードには、絵だけではなく、色、形、大きさなどを言葉でも書いておきます。

2 (2)㋐のノゲシと㋑のセイヨウタンポポの花の色は、どちらも黄色です。

(3)モンシロチョウとベニシジミのはねの数は4まいですが、色や大きさはちがいます。

わかる! 理科 ベニシジミの大きさは、モンシロチョウの半分くらいです。

4・5ページ まとめのテスト

1 (1)㋐ノゲシ ㋑チューリップ
㋒セイヨウタンポポ ㋓ナズナ
(2)㋔ナナホシテントウ ㋕ダンゴムシ
㋖クロオオアリ ㋗モンシロチョウ
(3)①◯ ②× ③◯
(4)ちがう。

2 (1)②、③に◯ (2)㋑
(3)虫めがねで太陽を見ること。

3 (1)㋐色 ㋑形
(2)ウ
(3)近づかないようにする。

丸つけのポイント

2 (3)虫めがねを通して太陽を見てはいけないことが書かれていれば正かいです。

3 (3)「さわらないようにする。」などでも正かいです。きけんな生きものは注意してさけることが書かれているかが大切です。

てびき **1** (3)②㋖のクロオオアリのすは、土の中にあります。

2 (1)(2)虫めがねは目の近くに持ち、動かせるものは虫めがねに近づけたり遠ざけたりしてはっきり見えるところで止めます。動かせないものは、見るものに近づいたり遠ざかったりしてはっきり見えるところで止まります。

(3)虫めがねは太陽の光を集めるので、虫めがねで太陽を見ると、目をいためてしまいます。

3 (1)かんさつカードには、かんさつした生きものの名前、かんさつした日づけや天気、かんさつした生きものの色、形、大きさなどを書きます。

(2)ア動いている生きものは、タブレットなどで写真をとって、動きが止まったようすを絵にかきます。写真をそのままはってもよいです。イどこからどこまではかったか、矢じるしでしめします。ウかんさつして気づいたことを絵でかいて記ろくします。絵で表せないことや、ふしぎに思ったことなどを言葉で書いておきます。

(3)イラクサ、ウルシなどの植物やスズメバチ、チャドクガの子どもなどの動物のように、とげやどくのある生きものに近づくと、体をきずつけるおそれがあるので、近づいたりさわったりしてはいけません。

2 植物の育ち方①

6ページ きほんのワーク

1 (1)①ホウセンカ ②ヒマワリ
③オクラ ④ダイズ
(2)⑤「小さい」に◯
⑥「大きい」に◯

2 (1)①子葉
(2)②「ちがう」に◯

まとめ ①形 ②色 ③子葉(①、②順不同)

7ページ 練習のワーク

1 (1)㋐ホウセンカ ㋑ヒマワリ ㋒ダイズ
(2)イ
(3)①50cm ②1つぶ

2 (1)㋐ホウセンカ ㋑ヒマワリ
(2)子葉
(3)①「ちがう」に◯
②「㋑」に◯

てびき **1** (1)ヒマワリのたねには、黒と白の線が見られます。ホウセンカとダイズのたねは、どちらも丸い形をしていますが、大きさや色はちがいます。

(2)植物によって、たねの形や色、大きさはちがいます。

(3)ヒマワリは、葉や根が大きく育つので、たねとたねの間を50cmくらいあけて、1つぶずつまいておきます。

2 (1)ホウセンカとヒマワリの子葉の形はにていますが、ホウセンカの子葉の後に出てくる葉は、細長くてまわりがギザギザしています。

(2)たねをまいた後にさいしょに出てくる葉を、子葉といいます。

(3)子葉が出てくるのはさいしょだけで、その後は、子葉とは形のちがう葉が次々と出てきます。

8ページ きほんのワーク

1 (1)①ヒマワリ ②ホウセンカ
(2)㋐葉 ㋑くき ㋒根
(3)③「くき」に◯
④「土の中」に◯
⑤「できている」に◯
⑥「ちがう」に◯

まとめ ①葉 ②くき ③根(①、②順不同)

9ページ 練習のワーク

1 (1)㋐葉 ㋑くき ㋒根
(2)①㋑ ②㋐ ③㋒
(3)①○ ②× ③×

2 (1)②に○
(2)すぐに植えかえる。

丸つけのポイント

2 (2)「かわかないうちに植えかえる」など、そのままにしないですぐ植えかえることが書かれていれば正かいです。

てびき **1** (2)植物の葉は、育つにつれて、数がふえて大きくなっていきます。ヒマワリやホウセンカのくきは、地面から上にのびていて、根は土の中に広がっています。

わかる! 理科 植物のくきは、ヒマワリやホウセンカのように、上にのびていくものが多いです。しかし、シロツメクサのように、地面をはうようにくきをのばすものや、アサガオのように、ほかのものにからみつくようにのびていくくきもあります。

(3)植物の体は、葉、くき、根からできていますが、葉の形や大きさ、根の形は、植物によってちがいます。

2 (1)牛にゅうパックやポットからホウセンカのなえをとり出したら、根をいためないように、

土をそっと水であらい流して、かんさつしやすくします。

(2)根がかわいて、ホウセンカが弱ってしまわないうちに、土に植えかえます。

10・11ページ　まとめのテスト❶

1 (1)①ホウセンカ　②オクラ　③ヒマワリ

(2)
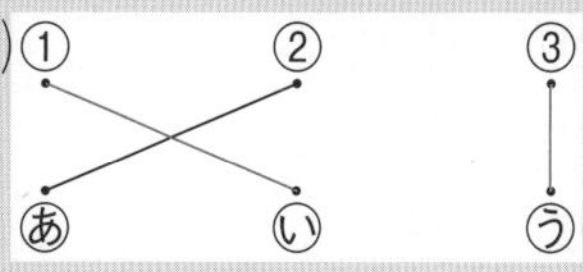

(3)①○　②×　③×

2 (1)ひりょう

(2)①×　②○　③○　④×　⑤○　⑥×

3 (1)(㋑→)㋓→㋐→㋒

(2)子葉

(3)[い]

4 イ、エ

てびき **1** 植物のしゅるいによって、たねの大きさ、形、色がちがいます。また、出てきた子葉の大きさ、形、色もちがいます。

2 (1)ひりょうをまぜた土にたねをまくと、よく育ちます。

(2)ヒマワリやオクラのたねをまくときは、指などであなを開けて、そのあなにたねをまき、その上から少し土をかけた後、水やりをします。

3 (1)たね（㋑）→めが出る（㋓）→[あ]の子葉が出る（㋐）→[う]の2まいの子葉の間から、[い]の新しい葉が出る(㋒)　というじゅんに育ちます。

4 かんさつカードには、かんさつした生きものの名前、日づけと天気、絵、色、形、大きさ、気づいたことや思ったことなどを書きます。

12・13ページ　まとめのテスト❷

1 (1)㋐ヒマワリ　㋑ホウセンカ

(2)
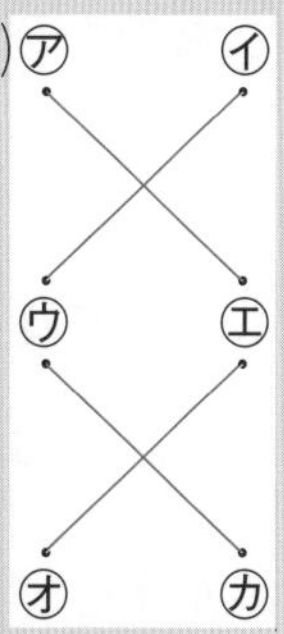

(3)ちがう。

(4)（葉、くき、根で）できている。

2 (1)㋐葉　㋑くき　㋒根

(2)②に○

(3)①○　②×　③○

3 (1)㋐根　㋑くき　㋒葉

(2)ウ

てびき **1** (3)植物によって、葉の大きさや高さはちがいます。ヒマワリとホウセンカでは、ヒマワリのほうが葉が大きく、高さも高くなります。

(4)ヒマワリとホウセンカをくらべても、葉の形や大きさ、くきの太さや高さ、根の形はちがいますが、どちらの植物も、体は葉、くき、根からできています。

2 (1)(2)植物の体は、葉、くき、根でできていて、その形は植物によってちがいます。しかし、同じ植物の葉は、大きさはちがいますが、にた形をしています。

(3)②根は、白っぽい色をしています。

3 (1)㋐のニンジンは根の部分、㋑のアスパラガスはくきの部分、㋒のキャベツは葉の部分を、わたしたちは食べています。

(2)アのコマツナ、イのネギは葉の部分、ウのゴボウは根の部分を、わたしたちは食べています。

わかる! 理科　葉を食べるやさいには、キャベツ、チンゲンサイ、ネギのほかに、レタス、ホウレンソウ、ニラなどがあります。根を食べるやさいには、ゴボウ、ダイコン、ニンジンのほかに、サツマイモがあります。くきを食べるやさいには、レンコン、アスパラガス、タケノコのほかに、ジャガイモやサトイモがあります。また、実を食べるやさいには、トマト、キュウリ、ナス、ピーマンなどがあります。

3 こん虫の育ち方

14ページ きほんのワーク

[1] ①アゲハ ②モンシロチョウ

[2] ①1 ②（たまごの）から ③4

まとめ ①葉 ②皮 ③大きく

15ページ 練習のワーク

[1] ⑴㋐アゲハ ㋑モンシロチョウ
⑵㋐ア（と）ウ ㋑イ（と）エ
⑶ア ⑷よう虫 ⑸4回

[2] ⑴モンシロチョウ
⑵葉がしおれないようにするため。
⑶①○ ②× ③×

丸つけのポイント

[2] ⑵「葉がかわかないようにするため」「葉を元気にたもつため」なども正かいです。

てびき [1] ⑴たまごの形や、よう虫の形と色から見分けられるようにしましょう。

⑵チョウのせい虫は、たまごからかえったよう虫のえさになるところにたまごをうみつけます。㋐のアゲハは、ミカンやサンショウの葉に、㋑のモンシロチョウは、キャベツやコマツナ、アブラナなどの葉に、たまごをうみつけます。

わかる！理科 モンシロチョウのたまごは、キャベツの葉のうらがわに多く見られます。うらがわのほうが、鳥やほかの虫に見つかりにくく、太陽の光が直せつ当たらず、雨に流されにくいというつごうがよい点があります。

⑶アゲハとモンシロチョウのたまごは、どちらも1mmくらいです。

⑸アゲハもモンシロチョウも、4回皮をぬいでからさなぎになるじゅんびに入ります。

[2] ⑴入れものの中に入っているキャベツの葉を食べるのは、モンシロチョウのよう虫です。

⑵キャベツの葉がかわいてしまわないように、葉の根本の部分を、水でぬらしたティッシュペーパーなどでつつみます。さらにアルミニウムはくでおおって、ティッシュペーパーもかわかないようにします。

⑶体が大きくなるにつれて、えさをたくさん食べ、ふんもたくさんします。えさのとりかえとふんのそうじは、毎日行います。よう虫を動かすときは、古い葉のよう虫が乗っているところを切りとって、葉ごと新しい葉に乗せます。

16ページ きほんのワーク

[1] ⑴①糸 ②皮 ③さなぎ
⑵④「食べない」に◯
⑤「動かない」に◯

[2] ⑴①「かわらない」に◯
⑵②せい虫 ③はね

まとめ ①たまご ②よう虫 ③さなぎ ④せい虫

17ページ 練習のワーク

[1] ⑴ウ→ア→イ
⑵①○ ②× ③○

[2] ⑴①○ ②× ③× ④○
⑵ウ
⑶イ

てびき [1] ⑴大きくなったよう虫は、糸で葉やくきに体をとめてから皮をぬぎ、さなぎになります。

⑵さなぎの間は、じっとして動かず、何も食べません。

[2] ⑴さなぎの形はかわりませんが、だんだんすけてきて、中のはねの色やもようが見えてきます。

⑵さなぎの中で体がかんせいしたせい虫は、さなぎの皮をやぶって出てきます。

⑶さなぎから出てきたばかりのせい虫は、はねがのびてかわくまで、じっとしています。

18・19ページ まとめのテスト①

[1] ⑴㋑せい虫 ㋒さなぎ ㋓よう虫
⑵④に○
⑶①㋓ ②㋐ ③㋑ ④㋒
⑷㋑ア ㋒オ ㋓エ

[2] ⑴③に○
⑵たまごから出てきたよう虫の食べものがキャベツの葉だから。
⑶①に○ ⑷③に○

[3] ⑴㋐さなぎ ㋑せい虫 ㋒たまご ㋓よう虫
⑵(㋒→)㋓→㋐→㋑

丸つけのポイント

[2] (2)「キャベツの葉はよう虫の食べものだから。」など、「食べもの」という言葉を使って、よう虫がキャベツの葉を食べることが書かれていれば正かいです。

てびき [1] モンシロチョウのたまごの形はトウモロコシににています。たまごから出てきたよう虫はキャベツの葉を食べ、皮をぬいで大きくなり、やがてさなぎになります。そして、さなぎの中で新しい体にかわり、さなぎからせい虫が出てきます。

[2] (1)(2)モンシロチョウのよう虫は、キャベツの葉を食べるので、たまごはキャベツの葉にうみつけられます。

(4)できるだけ、よう虫にさわらないようにして、よう虫を新しい葉にうつします。

[3] アゲハは、たまご→よう虫→さなぎ→せい虫のじゅんに育ちます。

20ページ きほんのワーク

[1] (1)①頭　②むね　③はら
(2)④6　⑤4
⑥こん虫

[2] ①「まわりのようすを知る」に〇
②「丸まって」に〇
③「のびる」に〇

まとめ ①はら　②むね

21ページ 練習のワーク

[1] (1)右図
(2)ふし
(3)4まい
(4)6本
(5)こん虫

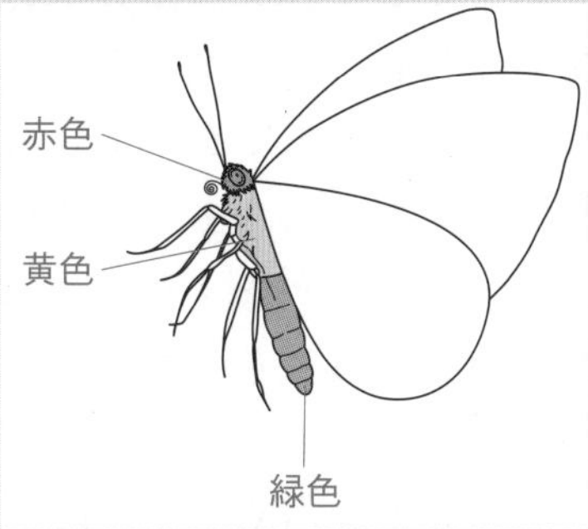

[2] (1)①〇
②×
③×
④×
⑤〇
(2)のびる。
(3)①頭　②むね　③はら　④6　⑤むね
（①～③は順不同）

てびき [1] (2)はらは、いくつかのふしからできています。

(3)モンシロチョウは、むねに4まいのはねがついています。

(4)モンシロチョウは、むねに6本のあしがついています。

(5)体が頭、むね、はらの3つの部分からできていて、むねに6本のあしがついている虫をこん虫といいます。

[2] (1)②あしは、全てむねについています。

③むねにふしはなく、はらがいくつかのふしからできています。　④目としょっ角は、どちらも頭についています。

(2)チョウの口は、ふだんは丸まっていますが、花のみつをすうときにはのびます。

(3)全てのこん虫は、体が頭、むね、はらの3つの部分からできていて、むねに6本のあしがついています。

22ページ きほんのワーク

[1] ①頭　②むね　③はら
④こん虫　⑤ふし

[2] (1)①頭　②むね　③はら　④14　⑤8
(2)⑥「ではない」に〇

まとめ ①こん虫　②こん虫ではない虫

23ページ 練習のワーク

[1] (1)㋐ショウリョウバッタ
㋑シオカラトンボ
㋒モンシロチョウ
(2)㋐6本　㋑6本　㋒6本
(3)赤色…頭　黄色…むね　青色…はら
(4)むね

[2] (1)㋐3つ　㋑2つ　㋒3つ　㋓3つ
(2)㋐6本　㋑8本　㋒6本　㋓14本
(3)㋐、㋒

てびき [1] (2)～(4)こん虫の体は、頭、むね、はらの3つの部分からできていて、6本のあしがむねの部分についています。

[2] (3)㋐オオカマキリと㋒クロオオアリは、体が頭、むね、はらの3つに分かれていて、6本のあしがむねについているので、こん虫です。㋑ジョロウグモの体は、頭とむねが1つになっていて、あしが8本あるので、こん虫ではありません。

㋓ダンゴムシは、あしが14本あるので、こん虫ではありません。

24ページ　きほんのワーク

1 ①トンボ　②バッタ

2 (1)①たまご　②よう虫(やご)　③せい虫

(2)④「ならないで」に◯

(3)⑤不完全へんたい

まとめ　①よう虫　②不完全へんたい

25ページ　練習のワーク

1 (1)①モンシロチョウ

②シオカラトンボ

③ショウリョウバッタ

(2)㋐たまご　㋑よう虫　㋒さなぎ

㋓たまご　㋔よう虫(やご)

㋖たまご　㋗よう虫

(3)完全へんたい

(4)①◯　②×　③◯　④×

(5)㋐キャベツの葉　㋓水の中　㋖土の中

てびき **1** (1)~(4)こん虫には、2通りの育ち方があります。1つは、たまご→よう虫→さなぎ→せい虫という育ち方で、完全へんたいといいます。モンシロチョウやアゲハなどのチョウのなかま、カイコガなどのガのなかま、カブトムシなどの育ち方が完全へんたいです。

もう1つは、たまご→よう虫→せい虫という、さなぎにならない育ち方で、不完全へんたいといいます。バッタやトンボ、カマキリ、コオロギなどの育ち方が不完全へんたいです。

(5)シオカラトンボのたまごは水の中、ショウリョウバッタのたまごは土の中にうみつけられます。シオカラトンボのよう虫（やご）は、たまごからかえると水の中でくらし、皮をぬいで大きくなります。

26・27ページ　まとめのテスト❷

1 (1)頭…㋐　むね…㋑　はら…㋒

(2)あし…㋑　はね…㋑

(3)6本　(4)こん虫

(5)まわりのようすを知ること。

2 (1)右図

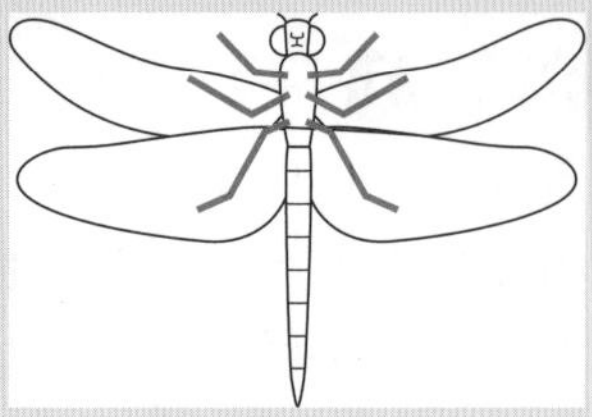

(2)㋐◯

㋑×

㋒◯

㋓×

3 (1)㋑

(2)㋐→㋓→㋑→㋒

(3)イ　(4)ウ

4 (1)㋐◯　㋑◯　㋒△　㋓◯　㋔◯

(2)完全へんたい

(3)不完全へんたい

丸つけのポイント

1 (5)「まわりのようすを知る」ということが書かれていれば正かいです。

てびき **1** (1)こん虫の体は、頭、むね、はらの3つの部分からできています。

(2)(3)6本のあしは、むねの部分についています。

(5)モンシロチョウは、しょっ角で、花のみつのにおいなど、まわりのようすを知ることができます。

2 トンボとバッタはこん虫です。体が頭、むね、はらの3つに分かれていて、むねにあしが6本ついています。クモは体が2つに分かれていて、あしが8本、ダンゴムシは、あしが14本あるので、こん虫ではありません。

3 (1)トンボのよう虫（やご）は水中で生活するため、土を入れた入れものに水と水草を入れ、せい虫になるときのために木のえだなどを立てておきます。

(2)~(4)トンボやバッタは、さなぎにならないで、よう虫からせい虫になります。

4 チョウのなかまやカブトムシ、クロオオアリ、カイコガ、ナナホシテントウなど、さなぎになってからせい虫になる育ち方を「完全へんたい」といいます。バッタやトンボ、カマキリなど、さなぎにならないでせい虫になる育ち方を「不完全へんたい」といいます。

植物の育ち方②

28ページ きほんのワーク

1. ①「ふえて」に○
   ②「大きく」に○
   ③「太く」に○　④「高く」に○
2. (1)①「大きい」に○
   (2)②

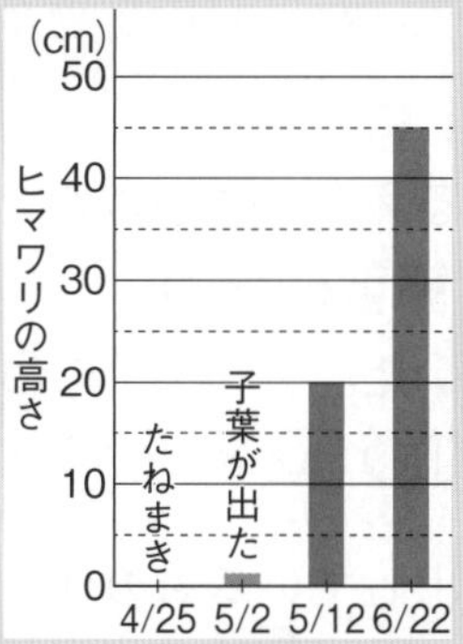

まとめ　①葉　②くき　③高く

29ページ 練習のワーク

1. (1)㋐ヒマワリ　㋑ホウセンカ
   (2)ホウセンカ
   (3)①ふえて　②太く　③高く
2. (1)土をほぐしておく。
   (2)イ

てびき 1 (2)6月23日に25cmになっているのは、ホウセンカです。

(3)ヒマワリもホウセンカも、育っていくと、葉の数がふえて、くきが太くなり、高さが高くなっていきます。

2 わたしたちが、おいしいやさいを食べることができるのは、農家の人たちが、じょうぶなやさいを育てるために、たくさんのことに気をつけているからです。

(1)やさいが根を広げることができるように、畑の土はほぐしておきます。

(2)やさいが大きく育ったとき、葉がこみあわないように、また、根がからみあわないように、じゅうぶんに間をあけて植えます。

4　ゴムと風の力のはたらき

30ページ きほんのワーク

1. (1)①力　②大きく
   (2)㋐「長く」に○
   ㋑「大きく」に○

まとめ　①力　②大きく

31ページ 練習のワーク

1. (1)[あ]目もり　[い]いち　[う]向き
   ([い]、[う]順不同)
   (2)けっかをより正しくくらべるため。
   (3)㋐10cm　㋑15cm
   (4)Bさん　(5)大きく

丸つけのポイント

1 (2)「1回だけでは、正しいけっかといえないから」「何回も調べたほうが、より正しいけっかがえられるから」などでも正かいです。

てびき 1 (1)ゴムを決められた長さまでのばしているか、たしかめてから発しゃそうちをスタートさせます。このじっけんでは、発しゃそうちのいちと向きはいつも同じにして、わゴムをのばす長さだけをかえて、けっかをくらべます。

(3)～(5)わゴムを長くのばすほど、ゴムの力の大きさが大きくなり、ものを動かすはたらきは大きくなります。

32ページ きほんのワーク

1. ①風　②風
2. (1)①「長い」に○　②「短い」に○
   (2)③大きく

まとめ　①力　②動かす　③大きく

33ページ 練習のワーク

1. (1)㋐
   (2)①一定(いってい)の強さの風を送ることができる点。
   ②[あ]弱い風　[い]強い風
   ③強い風…6m　弱い風…3m
   ④イ
   (3)①風　②大きくなる

丸つけの ポイント

❶ (2)①「送風きは、風の強さを同じにできる点」など、風の強さが一定にできることが書かれていれば正かいです。

てびき ❶ (2)②③風が強いほど、車を動かすはたらきは大きくなるので、より遠くまで車が進みます。赤い●は弱い風のときで3mくらい、青い●は強い風のときで6mくらい進んでいます。

④スイッチを「中」にすると、車の進むきょりは、「弱」のときと「強」のときの間になります。

📖 34・35ページ まとめのテスト

❶ ①△ ②○ ③△ ④○ ⑤△ ⑥○

❷ (1)大きくなる。(強くなる。)

(2)イ

(3)①大きく ②ウ→ア→イ

❸ (1)①大きく ②強く

(2)10cmから15cmの間の長さでのばす。

❹ (1)①元にもどろうとする ②風

(2)プロペラを回す回数をふやす。

(わゴムをねじる回数をふやす。)

丸つけの ポイント

❸ (2)「10cmよりは長く、15cmよりは短くのばす」など、ぐたいてきな長さで答えられていれば正かいです。

❹ (2)「わゴムの数をふやす」「太いわゴムにする」なども正かいです。

てびき ❷ (3)わゴムを長くのばすほど、ゴムが元にもどろうとする力の大きさが大きくなり、ものを動かすはたらきが大きくなります。わゴムを長くのばすと車が進むきょりは長くなり、短くのばすと車が進むきょりは短くなります。

❸ (2)わゴムを10cmのばしたときはとどかず、15cmのばしたときは通りすぎたので、10cmより長く15cmより短くのばすと、ねらったいちに止まると考えられます。

❹ (2)わゴムを太くしたり、本数をふやしたり、ねじる回数をふやすほど、わゴムが元にもどろうとする力の大きさが大きくなって、プロペラがはやく回って、より遠くまで走らせることができます。

5 音のふしぎ

📖 36ページ きほんのワーク

❶ ①ふるえている

❷ ①「小さい」に○

② ②「大きい」に○

③ ③「小さい」に○

④ ④「大きい」に○

⑤ ⑤「大きい」に○

まとめ ①ふるえて ②かわる

📖 37ページ 練習のワーク

❶ (1)ふるえていた。 (2)①に○

❷ (1)イ (2)①○ ②× ③○

てびき ❶ 音を出しているものは、ふるえています。もののふるえが止まると、音は聞こえなくなります。

❷ わゴムを強くはじくほど、わゴムのふるえ方は大きくなります。もののふるえ方が大きいほど、音は大きくなります。

📖 38ページ きほんのワーク

❶ ①「たるまない」に○

②「つたわる」に○

❷ (1)① 「動く」に○

② 「ふるえる」に○

③ 「動かない」に○

④ 「ふるえない」に○

(2)⑤「つたわる」に○

まとめ ①音 ②ふるえる

📖 39ページ 練習のワーク

❶ (1)ふるえている。

(2)ふるえていない。

(3)聞こえなくなる。

(4)①糸 ②ふるえる

❷ (1)ア (2)ウ

(3)イ、エ

てびき ❶ (1)〜(3)糸電話で声を出しているとき、糸はふるえています。声を出していないときは、ふるえていません。糸を強くつまむとふるえは止まるため、声は聞こえなくなります。

(4)音は、ものがふるえることによってつたわります。

[2] (1)糸がたるんでいると、声がつたわりません。糸をピンとはった糸電話は声がよく聞こえます。

(2)㋐と㋑の部分の糸のふるえが、こうじさんからゆうこさんに声をつたえます。㋒の部分の糸をつまんで、その先に糸のふるえがつたわらないようにすると、あけみさんとひろしさんには声が聞こえません。

(3)こうじさんからひろしさんまで糸のふるえがつたわるためには、㋐、㋒、㋔の部分はふるえていなければなりません。

40・41ページ まとめのテスト

[1] (1)ア
(2)㋑
(3)音は大きくなり、ビーズの動き方も大きくなる。
(4)大きい。
(5)聞こえない。

[2] (1)スプーンを強くたたきすぎないようにすること。
(2)スプーン…ふるえている。
糸…ふるえている。
(3)ア、ウ
(4)①スプーン　②糸　③紙コップ

[3] (1)㋑、㋔　(2)㋑、㋓、㋕
(3)㋐、㋖

丸つけのポイント

[2] (1)「強くたたかない（大きな音を出さない）ようにする」ということが書かれていれば正かいです。

てびき [1] (1)(2)わゴムを強くはじいたときのほうが、わゴムのふるえ方が大きくなり、大きな音が出ます。

(3)たいこを強くたたいたときのほうが弱くたたいたときより、たいこのふるえ方が大きくなるので、音は大きくなり、ビーズの動き方も大きくなります。

[2] (1)スプーンを強くたたきすぎると、大きな音が出て、耳をいためてしまうきけんがあります。

[3] (1)㋐、㋒、㋓の部分の糸のふるえが、りかさんからさとこさんに声をつたえます。㋑の部分をつまむと、おさむさんにつたわらなくなり、㋔をつまむと、その先の糸にふるえがつたわらなくなって、さとこさんだけに声が聞こえます。

(2)㋐、㋒、㋔、㋖の部分の糸のふるえが、りかさんからゆりさんに声をつたえます。それいがいの㋑、㋓、㋕の部分の糸をつまんで、その先に糸のふるえがつたわらないようにします。

(3)㋑、㋒、㋓の部分の糸のふるえが、さとこさんからおさむさんに声をつたえ、㋓、㋔、㋕の部分の糸のふるえが、さとこさんからふみおさんに声をつたえます。㋐と㋖をつまむと、さとこさんからりかさんとゆりさんに声がつたわらなくなります。

植物の育ち方③

42ページ きほんのワーク

[1] ①「高く」に◯　②「黄色」に◯
③「大きく」に◯　④「ふえた」に◯

[2] (1)①50cm
(2)②つぼみ　③花
(3)④「赤」に◯

まとめ　①高く　②花

43ページ 練習のワーク

[1] (1)イ　(2)3m20cm（320cm）
(3)①△　②○　③○　④△　⑤○

てびき [1] (1)植物の高さは、どこからどこまでをはかるか決めて、ヒマワリもホウセンカも、いつも同じようにはかります。

(2)80cmごとに切ったテープが4本あるので、80cm×4＝320cm＝3m20cmになります。

(3)④くきの下のほうが赤っぽくなるのはホウセンカです。

6　動物のすみか

44ページ きほんのワーク

[1] (1)①キアゲハ　②ダンゴムシ
③カマキリ
(2)④花　⑤落ち葉　⑥草むら
(3)⑦みつ
(4)⑧「ある」に◯
⑨「できる」に◯

まとめ　①食べもの　②かくれる

45ページ **練習のワーク**

1 (1)①ア　②ウ　③エ
　④オ　⑤カ　⑥イ
　（②と③、④と⑤は順不同）
(2)①○　②×　③○

2 ①×　②×　③○

てびき **1** (1)こん虫などの動物のしゅるいによって、見られる場所はちがいます。

わかる！理科 アゲハなどのチョウのなかまは、花のみつをすうので、花のまわりで見られます。バッタは、草の葉を食べ、明るいところがすきなので、草むらの葉の上などでよく見られます。カマキリは、バッタなどのほかの虫を食べるので、えさとなるバッタなどが多い草むらの葉の上などで見られます。ダンゴムシは、落ち葉を食べ、暗くてじめじめしたところがすきなので、落ち葉の下などで見られます。カブトムシやクワガタは、木のしるをすうので、木のみきで見られます。

(2)こん虫などの動物は、食べものがある場所やかくれることができる場所で、多く見られます。

2 モンシロチョウのせい虫は、春にキャベツ畑でよく見られます。モンシロチョウのよう虫の食べものになるキャベツの葉に、たまごをうみつけているのです。

植物の育ち方④

46ページ **きほんのワーク**

1 ①実　②かれる　③たね

2 ①子葉　②葉　③根　④くき　⑤花
　⑥実　⑦たね

まとめ ①子葉　②実　③かれる

47ページ **練習のワーク**

1 (1)㋓→㋑→㋐→㋒→㋕→㋔
(2)[あ]子葉　[い]実　[う]花
(3)同じ。　(4)かれている。

2 (1)①×　②○　③×　④○
(2)かれる。　(3)イ

てびき **1** (1)(2)ヒマワリは、㋓たね→㋑子葉が出る。→㋐新しい葉が出る。→㋒くきがのび、葉の数がふえる。→㋕花がさく。→㋔実ができて、やがてかれる。というじゅんに育ちます。

(3)実がかれてとれる新しいたねは、もとのたねと同じ形と色をしています。

(4)地上のくきや葉だけでなく、土の中の根もかれてしまいます。

2 (1)①②絵に、実がかかれているので、花がちった後です。③実ができた後は、葉はかれていきます。④高さは7月よりも高くなっています。

(2)(3)実ができた後は、高さは高くなりません。たねができるころには、ホウセンカ全体がかれていきます。

48・49ページ **まとめのテスト**

1 (1)①ヒマワリ　②ダイズ
　③ホウセンカ　④オクラ

(2)
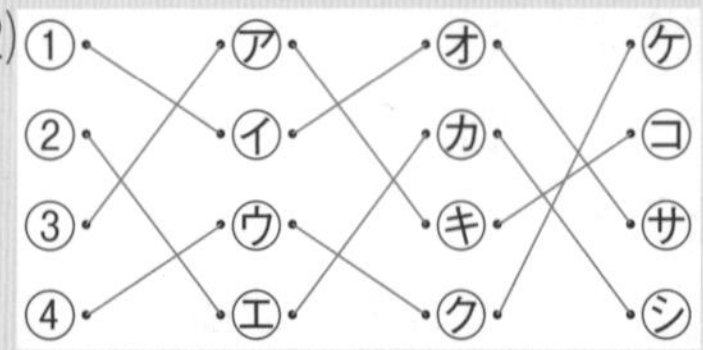

(3)かれる。

2 (1)㋐3　㋑2　㋒6　㋓1　㋔4　㋕5
(2)①㋑　②㋔　③㋒
(3)①に○
(4)②に○

3 ①×　②○　③×　④○

てびき **1** (2)植物によって、葉や花、実などの形や大きさはちがいます。ホウセンカの葉は細長く、まわりがぎざぎざしていて、花は赤色、ピンク色、白色などの色があります。ホウセンカの実は、小さくて先がとがった形をしています。ヒマワリ、ダイズ、オクラの葉・花・実の形もかくにんしておきましょう。

(3)植物は、花がさき、花のついていたところに実ができた後、しばらくするとかれます。

2 (1)㋓たねをまく。→㋑子葉が出る。→㋐新しい葉が出る。→㋔葉がふえて、高さが高くなる。→㋕花がさく。→㋒実ができる。というじゅんに育ちます。

7　地面のようすと太陽

50ページ　きほんのワーク

1 (1)①しゃ光板
②「反対」に○　③「同じ」に○
(2)
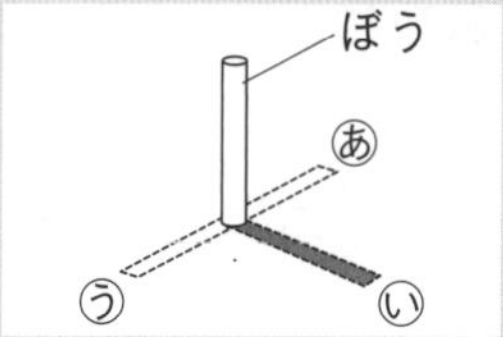

2 (1)①㋑→㋐
(2)②太陽

まとめ　①反対がわ　②太陽

51ページ　練習のワーク

1 (1)①さえぎる　②太陽　③反対
(2)[い]、[お]
(3)㋐に○

2 (1)①
(2)[あ]㋒　[い]㋑　[う]㋐
(3)太陽のいちがかわるから。

てびき **1** (1)日光が人やものでさえぎられると、太陽の反対がわにかげができます。
(2)かげは太陽の反対がわにできるので、全て同じ向きです。
(3)かげができている向きと反対がわに、太陽があります。

2 ぼうが日光をさえぎると、太陽の反対がわにかげができ、太陽のいちがかわるのに合わせて、かげのいちもかわります。かげのいちが[う]→[い]→[あ]のじゅんにかわると、太陽のいちはその反対に、㋐→㋑→㋒のじゅんにかわります。

52ページ　きほんのワーク

1 ①東　②南　③北　④西　⑤南　⑥西

2 (1)①ほういじしん
(2)②北　③西　④東　⑤南　⑥北

まとめ　①南　②北

53ページ　練習のワーク

1 (1)㋑に○　(2)①に○
(3)②に○　(4)日時計

2 (1)ほういじしん
(2)①はり　②北
(3)南

てびき **1** (1)〜(3)かげのいちのかわり方は、太陽のいちのかわり方と反対になります。太陽のいちは東→南→西とかわりますが、かげのいちはその反対に、西→北→東とかわります。
(4)日時計とは、太陽のいちがかわると、ぼうなどのもののかげのいちがかわることをり用して、時こくがわかるようにした道具です。

2 (1)ほういじしんは、ほういを調べるときに使います。
(3)ほういじしんのはりの色がついている先がさす向きが北になります。

54・55ページ　まとめのテスト1

1 ①、③、⑥に○

2 (1)晴れの日
(2)㋑
(3)[あ]午後２時　[う]午前10時
(4)㋐→㋑→㋒
(5)太陽のいちがかわるから。

3 (1)㋔
(2)午後３時
(3)太陽…東→南→西
かげ…西→北→東
(4)太陽を直せつ見ること。

4 (1)ほういじしん
(2)ほうい
(3)㋐
(4)かわらない。

丸つけのポイント

2 (5)「太陽のいちがかわる」ということが書かれていれば正かいです。

3 (4)「しゃ光板を使わないこと」「虫めがねを使って太陽を見ること」などでも正かいです。

てびき **1** ②同じ時こくにできるかげの向きは、全て同じ向きになります。　④太陽のいちがかわることによって、かげのいちもかわります。
⑤⑦かげは、太陽と反対がわにできます。

2 (1)くもりの日は、太陽が雲にかくれているので、かげができにくいです。
(2)かげは、太陽の反対がわにできます。
(3)(4)太陽のいちは、東→南→西とかわるので、㋐は午前10時、㋑は午前12時、㋒は午後2時の太陽のいちを表しています。かげは太陽の反対が

わにできるので、㋐は午後2時、㋑は午前12時、㋒は午前10時のかげのいちを表しています。

(5)かげは、太陽の反対がわにできるので、太陽のいちがかわると、かげのいちもかわります。

[3] (1)午前6時のときのかげのいちは、午前6時のときの太陽のいちの反対がわになります。

(2)㋑のかげの反対がわにある太陽は、午後3時の太陽です。

(4)太陽を直せつ見ると、目をいためてしまうので、かならずしゃ光板を使ってかんさつします。

[4] (3)(4)ほういじしんのはりの色がついている先(㋐)は、一日中、北をさして止まります。

56ページ きほんのワーク

[1] (1)①明るい
②暗い
(2)③あたたかい
④つめたい

[2] (1)①ほうしゃ温度計
(2)②日光

まとめ ①日なた ②日かげ ③日光

57ページ 練習のワーク

[1] ①○ ②× ③○ ④○

[2] (1)①少し ②えきだめ ③日光
(2)㋑
(3)日なた…23度 日かげ…19度
(4)日なた
(5)日なた

てびき [1] 日なたは明るいのでかげができ、地面はあたたかくて、かわいています。日かげは暗いのでかげができず、地面はつめたくて、しめっています。

[2] (1)温度計に直せつ日光が当たると、温度計があたたまって、正かくな温度がはかれなくなります。

(2)温度計のえきが動かなくなったら、目もりを温度計の真横(まよこ)から読みます。

(3)～(5)午前9時の日なたの温度は18度、午前12時の日なたの温度は23度なので、その差は5度です。午前9時の日かげの温度は17度、午前12時の日かげの温度は19度なので、その差は2度です。

58・59ページ まとめのテスト❷

[1] ①○ ②× ③○ ④×

[2] (1)②、④に○
(2)①㋒ ②㋐ ③㋓ ④㋑
(3)日なたの地面は、日光によって、あたためられるから。

[3] (1)㋒
(2)温度計に日光が当たらないようにするため。
(3)㋑
(4)18度
(5)①× ②○ ③○

[4] (1)ウ (2)㋐

丸つけのポイント

[2] (3)「太陽の光」または「日光」が当たると「あたためられる」ということが書かれていれば正かいです。

[3] (2)温度計に「太陽の光」または「日光」を当てないということが書かれていれば正かいです。

てびき [1] ④日かげでは、日光が当たらないため、自分のかげはできません。

[2] (2)(3)同じ日の同じ時こくの地面の温度は、日光によってあたためられた日なたのほうが日かげよりも高くなっています。

[3] (1)(2)地面の温度をはかるときは、土を少しほったところにえきだめを入れ、土をかけます。さらに、温度計に日光が当たってあたためられないようにするため、おおいをします。

(3)温度計は、目もりを真横から読みます。

(5)土をほらずに地面に直せつ温度計をさしこんだり、温度計を使って土をほったりすると、温度計がわれてしまいます。温度計はわれやすいので、ていねいにあつかいます。

[4] (2)木やたてものが、日光をさえぎっていないところは、日当たりがよいところです。

8 太陽の光

60ページ きほんのワーク

❶ (1)①まっすぐ

(2)②「できる」に○

❷ (1)①まっすぐ

(2)②「できる」に○

まとめ ①日光 ②まっすぐ ③集める

61ページ 練習のワーク

❶ (1)①に○ (2)①に○

(3)②に○ (4)明るくなる。

(5)㋒ (6)㋗

❷ ①○ ②× ③○ ④○

てびき ❶ (1)(2)日光は、さえぎるものがないと、まっすぐに進みます。かがみではね返した日光も、まっすぐに進みます。

(3)目をいためるので、かがみではね返した日光を人の顔に当ててはいけません。

(5)かがみではね返した日光は、かがみを動かしたほうに動きます。

(6)太陽のある方を向いて、かがみに日光を当ててはね返します。

❷ ①かがみではね返した日光は、さえぎるものがないと、まっすぐに進みます。

②日光を当てたかがみの向きをかえると、はね返した日光の道すじがかわります。

62ページ きほんのワーク

❶ (1)①㋑→㋒→㋐

(2)②21 ③27 ④35

(3)⑤明るく ⑥高く

まとめ ①明るく ②あたたかく

③かわる

(①、②順不同)

63ページ 練習のワーク

❶ (1)㋒

(2)㋒

(3)①15度 ②20度 ③39度

(4)②に○

(5)①明るく ②高く

❷ ①○ ②×

てびき ❶ (1)(2)(5)かがみではね返した日光がたくさん重なっているところほど、明るく、あたたかく（温度が高く）なります。

(3)かがみの数をふやすほど、たくさんの日光が重なりあって、温度は高くなるので、0まいのときが15度、1まいのときが20度、3まいのときが39度になります。

(4)ほうしゃ温度計でかべの温度をはかるときは、かべから少しはなします。

❷ ①ブラインドは、はねの向きをかえて使います。さしこむ日光のりょうをかえて、部屋を明るくしたり暗くしたりできます。また、はねに当たった日光をはね返すことで、部屋を暗くすることもできます。

②ソーラークッカーは、日光をはね返す銀色の板で、なべなどに日光を集めます。お湯をわかしたり、りょう理をすることができます。

64・65ページ まとめのテスト

1 ①○ ②× ③× ④○

⑤× ⑥× ⑦○

2 (1)㋓ (2)㋖ (3)㋓ (4)㋔

(5)明るく、あたたかくなる。

3 (1)㋑

(2)かがみのまい数をふやして、はね返した日光を当てる。

4 (1)イ (2)㋐

(3)㋐ (4)②、④に○

丸つけのポイント

2 (5)「明るくなること」「あたたかくなること」の2つが書かれていれば正かいです。

3 (2)「かがみを3まい使って、日光をはね返す」など、図の㋑の2まいより、かがみを多く使うことが書かれていれば正かいです。

てびき 1 ②かがみではね返した日光を日かげのかべに当てると、あたたかくなります。

③集める日光が多くなるほど明るくなります。

⑤虫めがねで日光を集めたところは、小さくするほど明るくなります。

⑥まどからさしこむ日光は同じ向きにまっすぐに進みます。

2 (1)(3)日光が一番多く集まっている部分が、一番明るく、あたたかくなります。

(2)日光が当たっていない部分は、一番暗く、あたたかくなりません。

(4)㋑の部分は、かがみではね返した日光が2まい分集まっています。かがみではね返した日光が同じように2まい分集まっているのは㋔の部分です。

(5)かがみではね返した日光を集めるほど、明るく、あたたかくなります。

[3] (1)ペットボトルに、日光が当たっているだけでも水の温度は高くなりますが、かがみで日光をはね返して日光を集めると、さらに温度は高くなります。

(2)かがみのまい数をふやして、よりたくさんの日光を集めるほど、より高温になります。

[4] (1)虫めがねは、日光を集めることができます。

(2)(3)日光を集めたところが小さくなるほど、明るく、あたたかくなります。集めた日光をだんボールに当ててしばらくすると、けむりが出て、だんボールがこげるほどあつくなります。

わかる! 理科 虫めがねを紙から遠ざけても近づけても、集められる日光のりょうは（虫めがねを通った日光のりょう）は同じなので、光が集められたところが小さいほど明るくなり、温度も高くなるのです。

(4)①虫めがねでかんさつするときは、虫めがねを目に近づけて持ちます。

③虫めがねで集めた日光を、体や服に直せつ当ててはいけません。

④虫めがねで集めた日光は、目がやけてしまうほどとても明るくあつくなります。ぜったいに虫めがねで太陽を見てはいけません。

9 電気の通り道

66ページ きほんのワーク

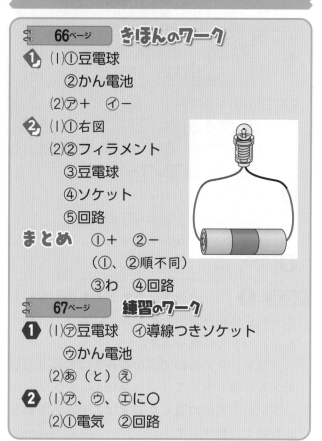

1 (1)①豆電球
②かん電池
(2)㋐＋　㋑－

2 (1)①右図

(2)②フィラメント
③豆電球
④ソケット
⑤回路

まとめ ①＋　②－
（①、②順不同）
③わ　④回路

67ページ 練習のワーク

1 (1)㋐豆電球　㋑導線つきソケット
㋒かん電池
(2)[あ]（と）[え]

2 (1)㋐、㋒、㋓に○
(2)①電気　②回路

てびき 1 (2)明かりがつくようにするには、かん電池の＋きょくと－きょくに導線をつなぎます。[い]や[う]は、＋きょくや－きょくではありません。

2 (1)明かりがつくときは、豆電球と、かん電池の＋きょくと－きょくが1つのわのようにつながっています。㋑と㋔は、導線が－きょくにつながっていません。㋕は、導線が＋きょくにも－きょくにもつながっていません。

(2)豆電球やかん電池、導線などで、わのようになっている電気の通り道を回路といいます。

68ページ きほんのワーク

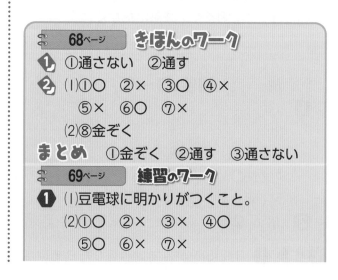

1 ①通さない　②通す

2 (1)①○　②×　③○　④×
⑤×　⑥○　⑦×
(2)⑧金ぞく

まとめ ①金ぞく　②通す　③通さない

69ページ 練習のワーク

1 (1)豆電球に明かりがつくこと。
(2)①○　②×　③×　④○
⑤○　⑥×　⑦×

(3)金ぞく　(4)⑧×　⑨○
(5)ア

[てびき] **1** (1)電気が通るものを回路のと中につなげると、豆電球に明かりがつきます。

(2)(3)金ぞくでできたものは電気を通します。②のガラス、③の木、⑥の紙は、電気を通しません。⑦のはさみの持つ部分はプラスチックなので、電気を通しません。

(4)(5)アルミニウムの空きかんや鉄の空きかんは、金ぞくでできていますが、色がぬってある部分は電気を通しません。そのため、紙やすりなどでみがいて、色をはがした部分に導線をつなぐと、電気が通るようになります。

70・71ページ まとめのテスト①

1 (1)㋐＋きょく　㋑－きょく
(2)①○　②×　③×　④○　⑤×
⑥○　⑦×　⑧×　⑨○
(3)回路

2 (1)フィラメント
(2)㋒
(3)①、④に○
(4)①、③に○

3 (1)つく。
(2)（導線どうしを長くつないでも）回路になっているから。

丸つけのポイント

3 (2)「電気の通り道がわのようになっていれば明かりがつくから」「かん電池の＋きょく、豆電球、かん電池の－きょくがわのようにつながっているから」など、回路になっていることが書かれていれば正かいです。

[てびき] **1** (2)(3)ソケットについている２本の導線が、かん電池の＋きょくと－きょくにそれぞれつながっていれば、電気が通り、明かりがつきます。②導線がかん電池の＋きょくにつながっていません。③導線のビニル部分が＋きょくについています。⑤⑦かん電池の－きょくに導線がついていません。⑧導線が＋きょくにも－きょくにもついていません。

2 (2)豆電球のそこの部分（ガラス部分の反対がわ）と㋒の部分がしっかりふれあうと、電気が通ります。

(3)①④豆電球がソケットにしっかりとねじこまれていなかったり、フィラメントが切れていたりすると電気が通らないので、明かりがつきません。②③導線の長さや豆電球の向きはかんけいありません。

(4)①かん電池は、もえるごみではありません。住んでいる地いきでは、どのようにすてればよいかを調べましょう。使い終わって集められたかん電池は、しげんとしてり用されます。③導線だけでかん電池の＋きょくと－きょくをつなぐと、大きな電気が流れて、かん電池がとてもあつくなったり、導線のビニルがとけて火が出たりすることがあります。ぜったいにしてはいけません。

3 導線をつないでどんなに長くしても、電気の通り道（回路）ができていれば、豆電球の明かりはつきます。

72・73ページ まとめのテスト②

1 ①○　②×　③×　④○　⑤○　⑥×

2 (1)㋐×　㋑○　㋒○
(2)金ぞく

3 (1)㋐○　㋑×　㋒×　㋓○　㋔×　㋕○
(2)イ

4 (1)㋐（と）㋑
(2)豆電球がついたり消えたりする。

丸つけのポイント

4 (2)「アルミニウムはくの上を走っているときだけ明かりがつく」「アルミニウムはくがはられていないところでは明かりが消える」など、明かりがついたり消えたりすることが書かれていれば正かいです。

[てびき] **1** 鉄や銅、アルミニウムはくなどの金ぞくは電気を通しますが、木や紙、ガラスなどの金ぞくではないものは電気を通しません。

2 (1)㋐回路の中に、電気を通さないプラスチック（はさみの持つ部分）が入っています。

3 回路の中に１つでも電気を通さないものがあると、豆電球に明かりはつきません。㋑は回路の中に木が入っています。㋒は回路の中にビニル（プラスチックの１つ）が入っています。㋔は回路の中に紙が入っています。

[4] (1)それぞれの豆電球の赤い導線が、かん電池の＋きょくにつながっています。かん電池の－きょくにつながった[い]を、[あ]のくぎにつなぐと、赤い豆電球に電気が通る回路ができます。

(2)アルミニウムは金ぞくなので、電気を通します。アルミニウムはくをはってある部分の上を走ったときだけ、電球に電気が通る回路ができて明かりがつきます。アルミニウムはくをはっていない部分の上を走っているときは、回路ができないので、明かりはつきません。

10 じしゃくのふしぎ

74ページ きほんのワーク

[1] (1)①、④に○
(2)⑤「鉄」に⬭

[2] ①「引きつける」に⬭
②「引きつける」に⬭
③「弱く」に⬭

まとめ ①鉄 ②かわる

75ページ 練習のワーク

[1] (1)㋐○ ㋑× ㋒× ㋓○ ㋔×
㋕× ㋖○ ㋗○ ㋘× ㋙×
(2)鉄
(3)さ鉄

[2] (1)㋐
(2)・じしゃくと鉄のきょりが長くなると、鉄を引きつける力は弱くなる。
・じしゃくと鉄の間に、じしゃくに引きつけられないものがあっても、じしゃくは鉄を引きつける。

丸つけのポイント

[2] (2)「じしゃくと鉄の間がはなれていても、じしゃくは鉄を引きつける」「じしゃくと鉄の間のきょりがかわると、鉄を引きつける力もかわる」などでも正かいです。

てびき [1] (1)(2)じしゃくは鉄を引きつけますが、プラスチックや木などは引きつけません。

(3)すなの中にじしゃくを入れると、黒いものがじしゃくに引きつけられます。この黒いものを「さ鉄」といいます。

[2] じしゃくと鉄の間に、だんボールのような鉄を引きつけないものがあっても、じしゃくは鉄を引きつけます。また、じしゃくと鉄の間のきょりが長くなると、じしゃくが鉄を引きつける力は弱くなります。だんボール１まいのときが、じしゃくとクリップの間のきょりは一番短いので、㋐がもっとも多くのクリップを引きつけます。㋑→㋒のじゅんに引きつけられるクリップの数が少なくなります。

76ページ きほんのワーク

[1] ①きょく ②N ③S

[2] (1)①× ②○ ③×
(2)④「引き合い」に⬭
⑤「しりぞけ合う」に⬭

まとめ ①S ②N（①、②順不同）
③しりぞけ ④引き

77ページ 練習のワーク

[1] (1)きょく
(2)㋐Nきょく ㋑Sきょく

[2] (1)[う]
(2)[あ]、[い]
(3)[え]
(4)①引き ②しりぞけ

てびき [1] (1)じしゃくのはしのほうをきょくといい、鉄を引きつける力が強くなっています。じしゃくの真ん中のあたりは、じしゃくの力がほとんどはたらきません。

(2)じしゃくのきょくには、NきょくとSきょくがあります。

[2] じしゃくは、同じきょくどうし（NきょくとNきょく、または、SきょくとSきょく）を近づけるとしりぞけ合い、ちがうきょくどうし（NきょくとSきょく）を近づけると引き合います。

78ページ きほんのワーク

1 (1)① 「つながったままだった」に○
② 「引きつけられた」に○
③ 「かわった」に○
(2)④じしゃく

まとめ ①ある ②じしゃく

79ページ 練習のワーク

1 (1)②に○
(2)鉄くぎ㋐にさ鉄が引きつけられる。
(3)②に○
(4)きょく(NきょくやSきょく)
(5)じしゃく

[てびき] **1** (1)じしゃくに近づけた鉄くぎ㋐もじしゃくになるので、鉄くぎ㋐をじしゃくからはなしても、鉄くぎ㋑は鉄くぎ㋐につながったまま落ちません。

わかる！理科 じしゃくに近づけた鉄はじしゃくになります。このとき、じしゃくのNきょくについている鉄くぎ㋐の頭の部分はSきょくになっていて、とがった先の部分がNきょくになっています。

(2)〜(5)じしゃくからはなした鉄くぎ㋐は、じしゃくになっているので、さ鉄に近づけると、鉄くぎ㋐はさ鉄を引きつけます。また、鉄くぎ㋐の頭（[あ]）と、とがった先（[い]）はそれぞれちがうきょくになっているので、[あ]を近づけたときと、[い]を近づけたときでは、ほういじしんのはりのふれる向きはかわります。

80・81ページ まとめのテスト①

1 ①× ②× ③○ ④× ⑤○
2 ①○ ②× ③× ④○
3 ①× ②○ ③× ④○
⑤○ ⑥× ⑦○ ⑧×
4 (1)㋐
(2)[あ]Nきょく [い]Sきょく
(3)②に○
5 (1)鉄のクリップが、鉄くぎに引きつけられる。
(2)㋐Nきょく ㋑Sきょく
(3)いえる。

丸つけのポイント
5 (1)「鉄のクリップが、鉄くぎにつく」などでも正かいです。

[てびき] **1** ①〜⑤のうち、鉄でできたものだけが、じしゃくに引きつけられます。⑤のように、鉄とじしゃくの間にビニルなどのほかのものが入っていても、鉄とじしゃくのきょりがあまりはなれていなければ、鉄はじしゃくに引きつけられます。

2 同じきょくどうし（NきょくとNきょく、または、SきょくとSきょく）を近づけるとしりぞけ合いますが、ちがうきょくどうし（NきょくとSきょく）を近づけると引き合います。

3 ①②じしゃくは、金ぞくでも、アルミニウムや銅などは引きつけません。

③〜⑤じしゃくは、同じきょくどうしを近づけるとしりぞけ合いますが、ちがうきょくどうしを近づけると引き合います。

⑥⑦じしゃくには、はしのほうにかならずNきょくとSきょくがあり、鉄を引きつける力がもっとも強くなっています。じしゃくの真ん中のあたりは、鉄を引きつける力がほとんどありません。

⑧鉄くぎとじしゃくの間に紙があっても、じしゃくは鉄くぎを引きつけます。ただし、紙のまい数が多くて、鉄くぎとじしゃくのきょりが長くなると、じしゃくが鉄を引きつける力は弱くなります。

4 (1)じしゃくを水にうかべるなど、自由に動けるようにすると、じしゃくのNきょくが北をさして止まります。

(2)[あ]が北を向いているので（ぼうじしゃくの㋐の向き）、[あ]がNきょく、[い]がSきょくです。

(3)SきょくにNきょくを近づけると引き合います。

5 (1)鉄くぎがじしゃくになっているので、鉄のクリップが引きつけられます。

(2)(3)じしゃくでこすった鉄くぎは、じしゃくになっています。また、㋐は北をさしているので、㋐はNきょくで、その反対がわの㋑はSきょくになっています。

82・83ページ まとめのテスト②

1 (1)㋐　(2)②に○
2 (1)①に○　(2)②に○　(3)かわる
3 (1)㋐、㋑、㋒、㋕、㋖、㋗
(2)㋑、㋕、㋖
(3)①金ぞく　②鉄

てびき **1** (1)じしゃくを糸などでつるして自由に動くようにすると、じしゃくのNきょくは北を向いて止まります。

(2)ちがうきょくどうしを近づけると引き合います。

2 じしゃくが鉄を引きつける力は、鉄とじしゃくの間がはなれていてもはたらきます。しかし、鉄からじしゃくを遠ざけていくと、やがて力ははたらかなくなります。

3 (1)㋐〜㋙のうち、電気を通すのは、鉄や銅、アルミニウムなどの金ぞくでできているものです。

(2)㋐〜㋙のうち、じしゃくに引きつけられるのは、鉄でできているものだけです。

(3)じしゃくを使うことにより、鉄でできたものと鉄でできていないものを分けることができます。

わかる! 理科　リサイクルセンターなどでは、じしゃくを使って、鉄の空きかんとアルミニウムの空きかんを分けています。

11　ものの重さ

84ページ きほんのワーク

1 (1)①2　②4　③1　④3
(2)⑤「ちがう」に⬭
2 (1)①△　②△　③△
(2)④かわらない

まとめ　①ちがう　②かわらない

85ページ 練習のワーク

❶ (1)①グラム　②キログラム
(2)1000g
(3)①×　②×　③○
❷ (1)ウ　(2)ウ

てびき ❶ (3)ものの体積が同じでも、もののしゅるいがちがうと、ものの重さはちがいます。

❷ ものの形を変えたり、切り分けたりしても、ものの全体の重さはかわりません。

86・87ページ まとめのテスト

1 (1)（入れものを）のせた後
(2)①○　②×　③×　④○
2 (1)ウ
(2)もののせ方をかえても、重さはかわらないということ。
3 (1)㋐100g　㋑100g
(2)かわらない。
(3)100g
(4)かわらない。
(5)45g
(6)①○　②×　③○　④×　⑤○

てびき **1** (1)はかりに入れものをのせてから数字を0にすることで、入れものの重さをのぞいて、はかりたいものの重さをはかることができます。

(2)表より、同じ体積のとき、重いじゅんにならべると、鉄→アルミニウム→プラスチック→木となります。

2 もののせ方をかえても、全体の重さはかわりません。

3 (1)(2)ものの形をかえても、全体の重さはかわりません。

(3)(4)ものを小さく切り分けても、全体の重さはかわりません。

(5)切り分けても全体の重さはかわらないので、[あ]と[い]の重さの合計は100gです。そのため、[あ]の重さが55gであれば、[い]の重さは、100−55=45〔g〕となります。

(6)②入れものに入れてものの重さをはかるときは、かならずはかるものを入れる入れものをのせた後に、はかりの数字を0にします。

④cmは、長さを表すたんいです。

プラスワーク

88ページ　プラスワーク

1 外国からやってきたタンポポ
…セイヨウタンポポ
㋐と㋑のちがい
…㋐はそり返っているが、㋑はそり返っ
ていない。

2 時こく…午前10時
理由…かげが西のほうにできているの
で、太陽は、その反対の東のほう
にあるため。

3 道具…㋑
理由…鉄もアルミニウムも電気を通す
が、じしゃくは鉄しか引きつけな
いため。

丸つけのポイント

2 太陽のいちが、東のほうだから午前中で
あるということが、書かれていれば正かい
です。

3 「アルミニウムの空きかんはじしゃくに
つかないこと」「鉄の空きかんはじしゃく
につくこと」「アルミニウムも鉄も電気を
通すこと」にふれて書かれていれば正かい
です。

てびき **1** カントウタンポポは、昔から日本に
あったタンポポですが、セイヨウタンポポは、
外国から日本にやってきたタンポポです。㋐や
㋑の部分を「そうほう」といいます。セイヨウ
タンポポのそうほうはそり返っていて、カント
ウタンポポのそうほうはそり返っていません。

2 太陽は、かげの反対がわにあります。図では、
かげが西のほうにできているので、太陽は東の
ほうにあるといえます。太陽は、東のほうから
のぼり、午前12時ごろに南の空を通って、西
のほうへしずみます。したがって、太陽が東の
ほうにあるときは、午前中であると考えられま
す。

3 アルミニウムも鉄も、どちらも電気を通しま
す。そのため、かん電池と豆電球にアルミニウ
ムの空きかんや鉄の空きかんをつないだ回路を
作って電気を通すと、どちらも豆電球に明かり
がついてしまうため、2つのかんを分けること

はできません。また、かんの表面に色がぬって
ある場合は、アルミニウムの空きかんと鉄の空
きかんのどちらも電気を通さないため、2つを
分けることはできません。

じしゃくは鉄を引きつけます。しかし、鉄と
同じように電気を通すアルミニウムは、じしゃ
くに引きつけられません。かんの表面に色が
ぬってあっても、鉄の空きかんは、じしゃくに
引きつけられます。

これらのことから、じしゃくであれば、アル
ミニウムの空きかんと鉄の空きかんを分けるこ
とができるとわかります。

電気を通す鉄やアルミニウムなどの金ぞくは、
全てじしゃくに引きつけられると考えてしまい
ますが、じっさいは、アルミニウムはじしゃく
に引きつけられません。電気を通すものとじ
しゃくに引きつけられるもののちがいを、しっ
かりとおぼえておきましょう。

19

実力判定テスト　夏休みのテスト①

1 次の図は、身の回りでかんさつした生きもののようすです。生きものの色や形、大きさは、それぞれ同じですか、ちがいますか。〔5点〕

（　ちがう。　）

2 ホウセンカとヒマワリについて、次の問いに答えましょう。　1つ5〔35点〕

(1) 次の写真は、ホウセンカとヒマワリのどちらのたねですか。名前を書きましょう。

①（ホウセンカ）　②（ヒマワリ）

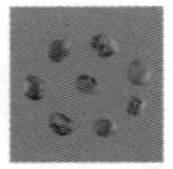

(2) 次の㋐～㋓のうち、ホウセンカとヒマワリの葉と花をそれぞれえらんで、表に記号を書きましょう。

㋐ 

㋑ 

㋒ 

㋓ 

	葉	花
ホウセンカ	㋒	㋑
ヒマワリ	㋓	㋐

(3) ホウセンカとヒマワリの葉や花の形や大きさは同じですか、ちがいますか。

（　ちがう。　）

3 ホウセンカの体のつくりについて、次の問いに答えましょう。　1つ5〔25点〕

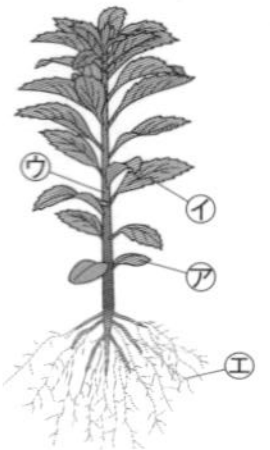

(1) たねをまいた後、さいしょに出てくる葉は、㋐、㋑のどちらですか。また、その葉を何といいますか。

記号（　㋐　）

名前（　子葉　）

(2) ㋒、㋓の部分の名前を、それぞれ何といいますか。

㋒（　くき　）　㋓（　根　）

(3) ㋐～㋓のうち、土の中にあるものはどれですか。

（　㋓　）

4 モンシロチョウの育ち方と体のつくりについて、次の問いに答えましょう。　1つ5〔35点〕

(1) 次の写真は、モンシロチョウの育つようすを表したものです。

① ㋐～㋓のすがたを、それぞれ何といいますか。

㋐（　たまご　）　㋑（　せい虫　）

㋒（　よう虫　）　㋓（　さなぎ　）

② ㋐をさいしょとして、モンシロチョウが育つじゅんに、㋑～㋓をならべましょう。

（　㋐　→　㋒　→　㋓　→　㋑　）

③ 皮をなんどかぬいで大きくなるのは、㋐～㋓のどのときですか。

（　㋒　）

(2) モンシロチョウのように、体が頭、むね、はらの３つの部分からできていて、むねにあしが６本ある虫を何といいますか。

（　こん虫　）

実力判定テスト　夏休みのテスト②

1 こん虫の体のつくりについて、あとの問いに答えましょう。　1つ7〔42点〕

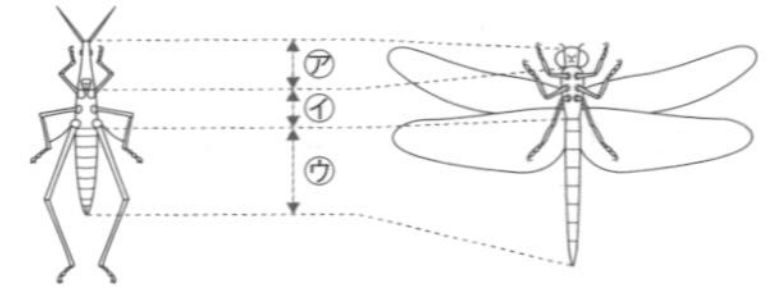

(1) 図の㋐～㋒の部分を何といいますか。

㋐（　頭　）　㋑（　むね　）

㋒（　はら　）

(2) [あ]、[い]には、あしは何本ありますか。また、あしは㋐～㋒のどの部分にありますか。

あしの数（　6本　）

あしがある部分（　㋑　）

(3) 右の図のようなクモやダンゴムシは、こん虫のなかまといえますか、いえませんか。

（　いえない。　）

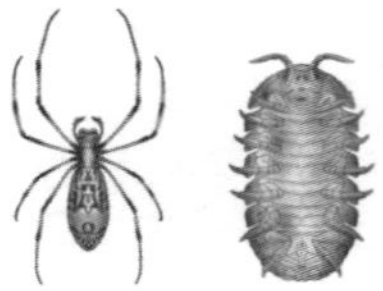

2 次の図の、トンボとアゲハの育ち方について、あとの問いに答えましょう。　1つ6〔18点〕

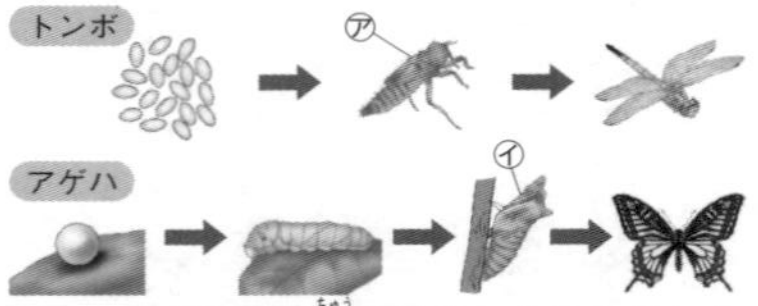

(1) トンボのよう虫の㋐のときのすがたは、何とよばれていますか。

（　やご　）

(2) アゲハの育ち方で、㋑のときのすがたを何といいますか。

（　さなぎ　）

(3) 不完全へんたいという育ち方は、トンボ、アゲハのどちらですか。

（　トンボ　）

3 次の図のように、ビーズを入れた入れものをたいこの上にのせて、たいこをたたいて音を出しました。あとの問いに答えましょう。　1つ6〔12点〕

(1) 音が出ているとき、たいこはどうなっていますか。

（　ふるえている。　）

(2) 大きな音が出ているのは、㋐、㋑のどちらですか。

（　㋐　）

4 ゴムや風で動く車をつくり、わゴムをのばす長さや車に当てる風の強さをかえて、車が進んだきょりを調べました。表はそのけっかです。あとの問いに答えましょう。　1つ7〔28点〕

わゴムをのばす長さ	車が進んだきょり
10cm	5 m
15cm	7 m20cm

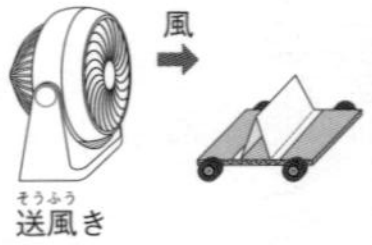

風の強さ	車が進んだきょり
弱い	1 m60cm
強い	4 m30cm

(1) ゴムののばし方とものの動き方について、次の文の（　）にあてはまる言葉を書きましょう。

ゴムをのばす長さが長いほど、ものの動き方は①（　大きく　）なり、短いほど②（　小さく　）なる。

(2) 風の強さとものの動き方について、次の文の（　）にあてはまる言葉を書きましょう。

風の強さが①（　強い　）ほど、ものの動き方は大きく、②（　弱い　）ほど小さくなる。

もんだいのてびきは 24 ページ

① 動物のすみかについて、次の問いに答えましょう。
1つ8〔40点〕

(1) こん虫のすみかについて、次の文の（　）にあてはまる言葉を書きましょう。

こん虫は、①（　食べもの　）のあるところや、かくれることのできるところで多く見られ、まわりの②（　しぜん　）とかかわり合って生きている。

(2) 次の文にあてはまる生きものを、下の〔　〕からえらんで書きましょう。
① 落ち葉の下にいる。
（　ダンゴムシ　）
② 草むらの葉の上にいる。
（　ショウリョウバッタ　）
③ 花だんの花にとまっている。
（　モンシロチョウ　）
〔 ショウリョウバッタ
モンシロチョウ　ダンゴムシ 〕

② 植物の育ち方について、次の問いに答えましょう。
1つ5〔20点〕

(1) ⑦をさいしょとして、ホウセンカが育つじゅんに、⑦〜⑦をならべましょう。
（ ⑦ → ⑦ → ⑦ → ⑦ → ⑦ ）

(2) ホウセンカの育ち方について、次の文の（　）にあてはまる言葉を書きましょう。

ホウセンカは、たねから子葉が出た後、葉がふえ、根や①（　くき　）がのびる。その後、葉がしげり、②（　花　）がさいて、③（　実　）がなり、やがてかれる。

③ 次の図のように、地面にぼうを立てて、ぼうのかげの向きと太陽のいちのかわり方を調べました。あとの問いに答えましょう。
1つ5〔20点〕

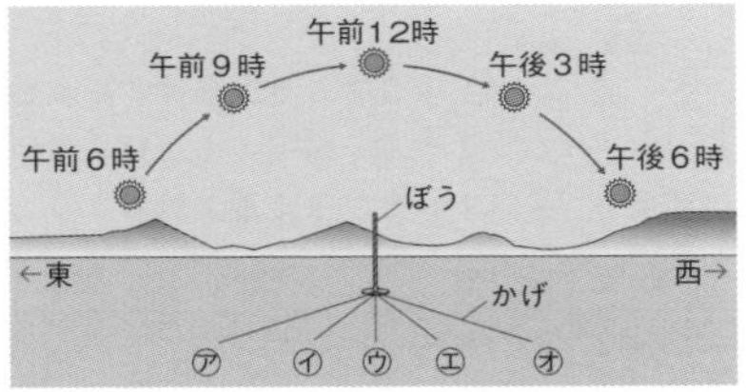

(1) 午前9時のかげを、⑦〜⑦からえらびましょう。
（ ⑦ ）

(2) 時間がたつと、かげのいちと太陽のいちは、それぞれどのようにかわりますか。東、西、南、北で答えましょう。
かげのいち（ 西 → 北 → 東 ）
太陽のいち（ 東 → 南 → 西 ）

(3) 時間がたつと、かげのいちがかわるのは、なぜですか。
（　太陽のいちがかわるから。　）

④ 右の図は、日なたと日かげの地面の温度を調べたときの温度計の目もりです。次の問いに答えましょう。
1つ5〔20点〕

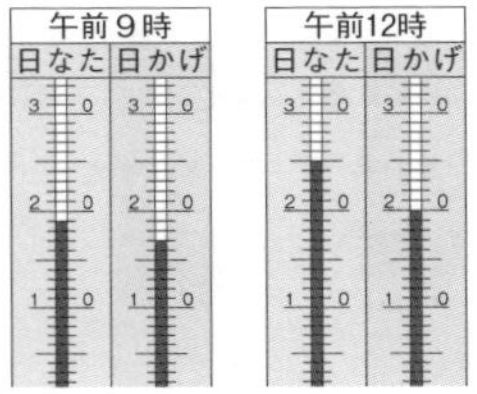

(1) 午前9時の日なたと日かげの地面の温度を読みとりましょう。
日なた（ 19度 ）
日かげ（ 17度 ）

(2) 地面の温度の上がり方が大きいのは、日なたと日かげのどちらですか。（ 日なた ）

(3) (2)のようになるのは、地面が何によってあたためられるからですか。（ 日光 ）

---

① 次の図のように、かがみではね返した日光をだんボールで作ったまとに当てて集めました。あとの問いに答えましょう。
1つ7〔42点〕

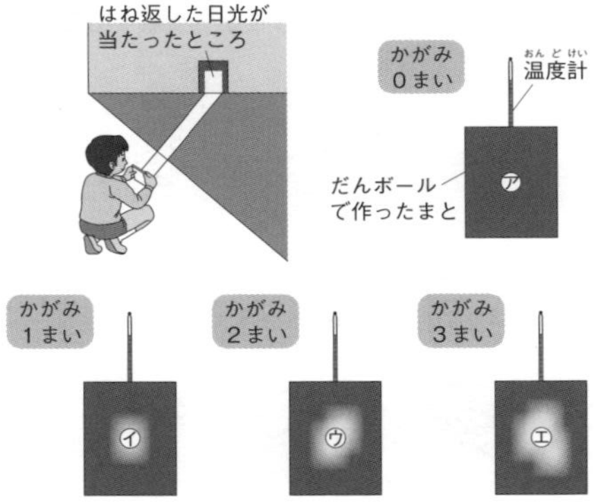

だんボールで作ったまと	⑦	⑦	⑦	⑦
だんボールで作ったまとの温度	15度	21度	29度	39度

(1) かがみではね返した日光は、どのように進みますか。
（　まっすぐに進む。　）

(2) (1)のときとはかがみの向きをかえて、日光をはね返しました。かがみではね返した日光の進み方は、(1)のときと同じですか、ちがいますか。
（　同じ。　）

(3) ⑦〜⑦の部分のうち、一番明るいのはどれですか。（ ⑦ ）

(4) ⑦〜⑦の部分のうち、一番暗いのはどれですか。（ ⑦ ）

(5) 次の文の（　）にあてはまる言葉を書きましょう。

かがみではね返した日光をたくさん集めるほど、日光が当たったところの明るさは①（　明るく　）なり、温度は②（　高く　）なる。

② 次の図のうち、豆電球に明かりがつくものには○、つかないものには×を□につけましょう。
1つ7〔42点〕

① × ② ○ ③ ○
④ ○ ⑤ × ⑥ ×

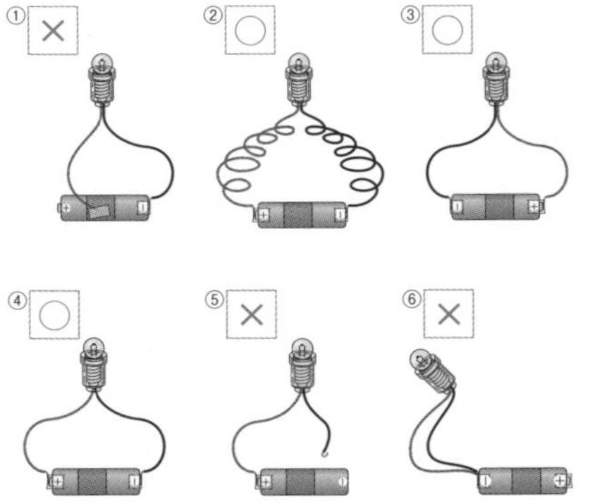

③ 鉄のかんが電気を通すかどうか、次の図のようにして調べました。あとの問いに答えましょう。
1つ8〔16点〕

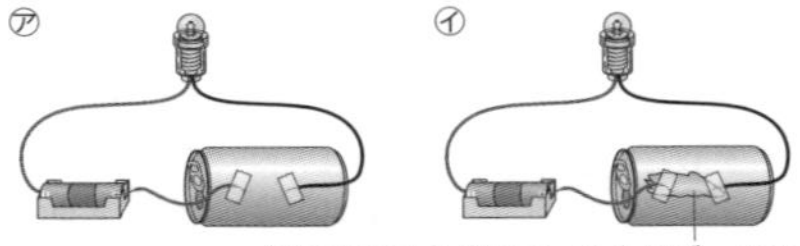

紙やすりでみがいて、色をけずっておく。

(1) 豆電球に明かりがつくのは、⑦、⑦のどちらですか。（ ⑦ ）

(2) 図の⑦、⑦について、次のア〜ウのうち、正しいものをえらびましょう。（ ウ ）
ア かんの表面の色がぬってある部分は電気を通すが、けずった部分は電気を通さない。
イ かんの表面の色がぬってある部分もけずった部分も電気を通す。
ウ かんの表面の色がぬってある部分は電気を通さないが、けずった部分は電気を通す。

もんだいのてびきは 24 ページ

実力判定テスト　学年末のテスト①

1 じしゃくのせいしつについて、次の問いに答えましょう。　1つ5〔35点〕

(1) 次の①～③の(　)のうち、正しいほうを◯でかこみましょう。

じしゃくは、はなれていても鉄を
①(引きつける ・ 引きつけない)。
じしゃくと鉄の間にじしゃくに引きつけられないものがあっても、じしゃくは鉄を
②(引きつける ・ 引きつけない)。
じしゃくが鉄を引きつける力は、じしゃくと鉄のきょりがかわると、
③(かわる ・ かわらない)。

(2) 次の図のようにじしゃくを近づけたとき、引き合うものには○、しりぞけ合うものには×を□につけましょう。

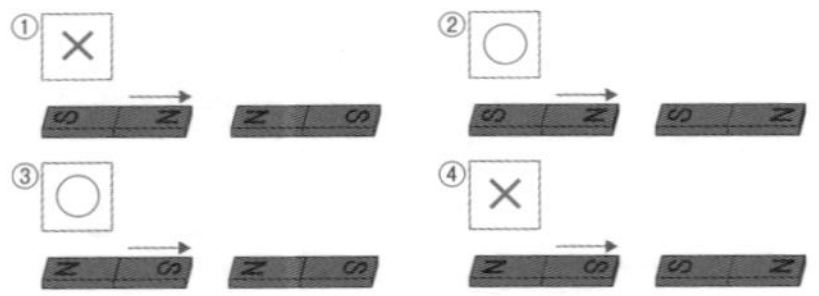
① ×
② ○
③ ○
④ ×

2 右の図のように、じしゃくに2本の鉄くぎをつないでつけました。次の問いに答えましょう。　1つ5〔15点〕

N
㋐
㋑

(1) ㋐の鉄くぎをしずかにじしゃくからはなしたとき、㋑の鉄くぎはどうなりますか。次のア、イからえらびましょう。　(ア)
ア　㋐の鉄くぎにつながったまま落ちない。
イ　㋐の鉄くぎからはなれて落ちる。

(2) じしゃくからはなした㋐の鉄くぎをさ鉄に近づけると、さ鉄はどうなりますか。
(㋐の鉄くぎに引きつけられる。)

(3) (1)、(2)より、じしゃくにつけた鉄くぎは何になったといえますか。　(じしゃく)

3 次の図の㋐のような、100gのねん土の形をかえたり、いくつかに分けたりして重さをはかりました。あとの問いに答えましょう。　1つ8〔32点〕

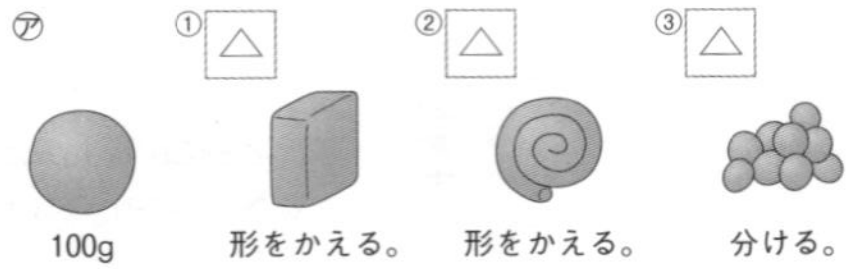
㋐
100g
① △
形をかえる。
② △
形をかえる。
③ △
分ける。

(1) ㋐のねん土を①～③のようにして、重さをはかりました。㋐とくらべて重くなるときには○、軽くなるときには×、かわらないときには△を、①～③の□につけましょう。

(2) ものの形がかわると、重さはどうなりますか。
(かわらない。)

4 同じ体積の鉄、アルミニウム、木、プラスチックの重さをはかったところ、次の表のようになりました。あとの問いに答えましょう。　1つ6〔18点〕

鉄	アルミニウム	木	プラスチック
212g	73g	15g	38g

(1) 同じ体積で重さをくらべたとき、一番重いものはどれですか。鉄、アルミニウム、木、プラスチックからえらびましょう。
(鉄)

(2) 同じ体積で重さをくらべたとき、一番軽いものはどれですか。鉄、アルミニウム、木、プラスチックからえらびましょう。
(木)

(3) 同じ体積のとき、ものの重さはもののしゅるいによってちがいますか、同じですか。
(ちがう。)

実力判定テスト　学年末のテスト②

1 次の文のうち、正しいものには○、まちがっているものには×をつけましょう。　1つ6〔30点〕

①(×)クモ、アリ、ダンゴムシは、全てこん虫である。
②(○)こん虫は、食べものやかくれる場所があるところで見られることが多い。
③(○)植物のしゅるいによって、葉や花の形や大きさはちがう。
④(×)日なたの地面は、日かげの地面より温度がひくい。
⑤(×)太陽の光をものがさえぎると、太陽と同じがわにもののかげができる。

2 次の図のものについて、電気を通すかどうか、じしゃくに引きつけられるかどうかを調べました。あとの問いに答えましょう。　1つ7〔21点〕

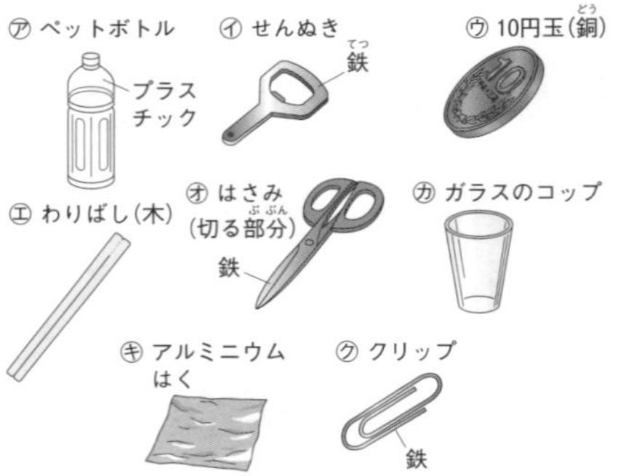
㋐ ペットボトル
プラスチック
㋑ せんぬき
鉄
㋒ 10円玉(銅)
㋓ わりばし(木)
㋔ はさみ
(切る部分)
鉄
㋕ ガラスのコップ
㋖ アルミニウムはく
㋗ クリップ
鉄

(1) 電気を通すものを、㋐～㋗からすべてえらびましょう。　(㋑、㋒、㋔、㋖、㋗)

(2) じしゃくに引きつけられるものを、㋐～㋗からすべてえらびましょう。
(㋑、㋔、㋗)

(3) 電気を通すものは、かならずじしゃくに引きつけられるといえますか、いえませんか。
(いえない。)

3 次の図のように、糸電話をつくって話をしました。あとの問いに答えましょう。　1つ7〔28点〕

紙コップ
糸
紙コップ

(1) 話をしているときに糸にそっとふれると、糸はどうなっていますか。
(ふるえている。)

(2) 話をしているときに糸を指でつまむと、聞こえていた声はどうなりますか。
(聞こえなくなる。)

(3) 次の①、②の(　)のうち、正しいほうを◯でかこみましょう。

音がつたわっているとき、ものは
①(ふるえている ・ ふるえていない)。
もののふるえを止めると、音は
②(つたわる ・ つたわらない)。

4 右の図は、日かげのかべに、3まいのかがみで、はね返した日光を当てたようすです。次の問いに答えましょう。　1つ7〔21点〕

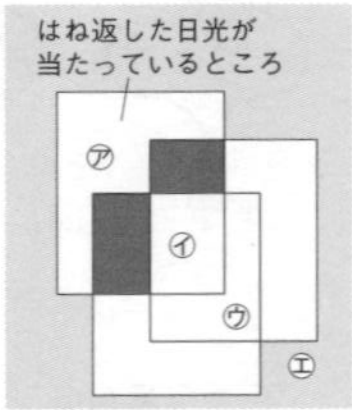
はね返した日光が当たっているところ
㋐
㋑
㋒
㋓

(1) ㋐～㋓のうち、日光の当たっているところの明るさが、一番明るいのはどこですか。
(㋑)

(2) 温度をはかったとき、温度の高いものからひくいものになるように、㋐～㋓をならべましょう。
(㋑ → ㋒ → ㋐ → ㋓)

(3) 図で、㋒の部分と同じ温度になると考えられる部分を、ぬりつぶしましょう。

もんだいのてびきは 24 ページ

たいせつ

①ものの長さは、ものさしではかることができます。長さのたんいには、「メートル」「センチメートル」「ミリメートル」などがあります。
1m＝100cm
1cm＝10mm

②ものの重さは、はかりではかることができます。重さのたんいには、「グラム」「キログラム」などがあります。
1kg＝1000g

ものの長さや重さは、4年生の理科でも学習するよ。よくおぼえておこう！

■ 長さや重さのたんい

1 ものの長さや重さのたんいを、書いて練習しましょう。

| m メートル |
| cm センチメートル |
| mm ミリメートル |

| kg キログラム |
| g グラム |

■ ぼうグラフのかき方

2 次の表は日なたと日かげの地面の温度を調べたけっかを、ぼうグラフに表しましょう。

	日なた	日かげ
午前9時	18度	16度
午前12時	24度	18度

ヒント
①調べた日づけを書く。
②表題を書く。
③たてのじくに温度をとって、目もりが表す数やたんいを書く。
④横のじくに調べた時こくを書く。
⑤記ろくした温度にあわせて、ぼうをかく。

ものの重さや長さなど、数字で表せるものをぼうグラフにして表すと、くらべやすい。

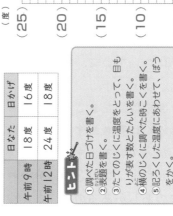

日なたの地面の温度
（度）25・20・15・10・5・0　午前9時　午前12時　10月20日

日かげの地面の温度
（度）25・20・15・10・5・0　午前9時　午前12時　10月20日

もんだいのてびきは 24 ページ

実力判定テスト かくにん！きぐの使い方

■ 虫めがねの使い方

1 次の①～④の□にあてはまる言葉を書きましょう。

動かせるものを見るとき
1．虫めがねを① [　]目に近づけて持つ。
2．② [　]見るものを近づけたり遠ざけたりして、はっきりと見えるところで止める。

動かせないものを見るとき
1．虫めがねを③ [　]目に近づけて持つ。
2．④ [　]見るものに近づいたり遠ざかったりして、はっきりと見えるところで止まる。

■ ほういじしんの使い方

2 次の①、②の□にあてはまる言葉を書きましょう。

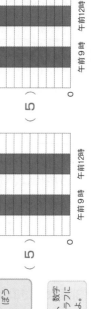

はりが自由に動くように、じしんを手のひらの上に① [水平]に持つ。

はりの動きが止まったら、ケースを回して、② [北]の文字色のついたはりの先に合わせる。

調べるものの方向
西・北・東・南

文字ばんのほうい（方位）を読む。

■ 温度計の使い方

3 温度計の目もりを読むいちとして、正しいものには〇、まちがっているものには×。次の①～③の□につけましょう。また、温度計を使うときに気をつけることについて、次の文の④、⑤の（ ）のうち、正しいほうを〇でかこみましょう。

① ×　② 〇　③ ×

④ 地面の温度をはかるときは、温度計がおれるため、温度計に日光が直せつ（当たってもよい・当たってはいけない）。
⑤ 地面の温度をはかるときは、温度計に日光が直せつ（当たる・当たらない）ようにするため、おおいをする。

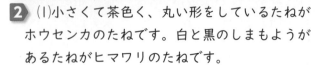

実力判定テスト もんだいのてびき

夏休みのテスト①

[2] (1)小さくて茶色く、丸い形をしているたねがホウセンカのたねです。白と黒のしまもようがあるたねがヒマワリのたねです。

(2)ヒマワリの花は黄色くて大きいです。ホウセンカの花には、赤色や白色のものがあり、ヒマワリにくらべると小さいです。

[3] (1)はじめに出てくる2まいの葉を子葉といいます。子葉の後に出てくるホウセンカの葉は、細長くて、ふちがぎざぎざしています。

(2)(3)葉はくきについていて、根は土の中にあります。

[4] (1)モンシロチョウは、たまご→よう虫→さなぎ→せい虫のじゅんに育ちます。よう虫は、皮をぬいで大きくなっていきます。

(2)モンシロチョウは、体が3つに分かれていて、むねに6本のあしがあるので、こん虫です。

夏休みのテスト②

[1] 体が頭、むね、はらの3つの部分に分かれ、むねに6本のあしがある生き物を、こん虫といいます。クモは体が2つの部分に分かれ、あしが8本あるため、こん虫ではありません。ダンゴムシは、体は3つの部分に分かれていますが、あしが14本あるため、こん虫ではありません。

[2] トンボのように、たまご→よう虫→せい虫のじゅんに育つのが「不完全へんたい」です。アゲハのように、さなぎの時期のある育ち方が、「完全へんたい」です。

[4] ゴムにはものを動かすはたらきがあり、ゴムを長くのばすほど、ゴムの元にもどろうとする力の大きさは大きくなり、ものの動き方は大きくなります。

風にもものを動かすはたらきがあり、風が強いほど、ものの動き方は大きくなります。

冬休みのテスト①

[3] (2)太陽のいちは、東から南の空を通って、西へかわります。かげのいちはその反対に、西→北→東のようにかわっていきます。

冬休みのテスト②

[1] かがみではね返した日光を集めるほど、日光を当てたところは、より明るく、あたたかくなります。

[2] 豆電球とかん電池の＋きょくと－きょくがわのようにつながって回路ができているとき、豆電球に明かりがつきます。

学年末のテスト①

[1] じしゃくのちがうきょくどうしを近づけると引き合い、同じきょくどうしを近づけるとしりぞけ合います。

[3] ものの重さは、形がかわってもかわりません。また、はかりへののせ方をかえても、ものの重さはかわりません。

[4] もののしゅるいがちがうと、同じ体積でももののの重さはちがいます。

学年末のテスト②

[2] 全ての金ぞくは電気を通しますが、じしゃくに引きつけられるのは鉄でできたものです。

[4] (3)㋒と同じように、かがみではね返した日光が2まい分重なっているところが、同じ温度になると考えられます。

かくにん! きぐの使い方

[3] 温度計の目もりを読むときは、かならず真横から読みましょう。

かくにん! たんいとグラフ

[2] ぼうグラフは、数字で表すことができるものを整理するときに使います。植物の高さや温度のへんかなども、ぼうグラフにするとひとめでわかり、くらべやすくなります。

3 2 1 0 9 8 7 6 5 4
＊ ＊ D C B A